有机反应机理的密度泛函研究

以过渡金属配合物催化 C=C和C=O双键的活化为例

郭彩红 著

化学工业出版社

·北京·

内容简介

本书是关于第一性原理和密度泛函理论应用于均相过渡金属配合物催化 C═R 键（R＝C, O）活化偶联反应机理研究的专著。主要应用密度泛函理论 B3LYP 方法在电子结构水平上阐明催化剂的结构和作用机制，充分认识反应过程中催化剂活性组分与反应物分子之间的电子转移和相互作用机制。建立了催化剂组成（金属中心和配体）、催化剂自旋态、底物电子效应和空间效应、溶剂效应、色散效应等因素与产物选择性的关系，提供了反应动力学和热力学信息与宏观可评价性能之间的定量构效关系，为指导设计和开发新型催化剂和实验合成提供理论依据。

本书可供从事量子化学计算和有机反应机理研究的研究生和科研工作者阅读参考。

图书在版编目（CIP）数据

有机反应机理的密度泛函研究：以过渡金属配合物催化 C═C 和 C═O 双键的活化为例/郭彩红著. —北京：化学工业出版社，2022.12（2023.8重印）
ISBN 978-7-122-42589-8

Ⅰ.①有… Ⅱ.①郭… Ⅲ.①有机化合物-化学反应-研究 Ⅳ.①O621.25

中国版本图书馆 CIP 数据核字（2022）第 230576 号

责任编辑：李晓红
文字编辑：毕梅芳　师明远
责任校对：刘曦阳
装帧设计：刘丽华

出版发行：化学工业出版社
（北京市东城区青年湖南街 13 号　邮政编码 100011）
印　　装：北京天宇星印刷厂
710mm×1000mm　1/16　印张 9　字数 155 千字
2023 年 8 月北京第 1 版第 2 次印刷

购书咨询：010-64518888
售后服务：010-64518899
网　　址：http://www.cip.com.cn
凡购买本书，如有缺损质量问题，本社销售中心负责调换。

定　价：78.00 元　　　　　　　　　　　　　　版权所有　违者必究

前言

量子化学计算方法已逐步深入到探索催化剂结构与反应性能的关系，成为深入了解有机催化反应机理的有力工具。均相催化不饱和 C=O 和 C=C 双键活化偶联反应是构建 C—C、C—Si、C—H 键等最有效的方法之一。其中过渡金属配合物应用于二氧化碳化学固定和烯烃转化引起了科研工作者的极大兴趣，利用量子化学计算方法研究相关反应机理已成为重要的研究方向。

在均相催化不饱和 C=O 和 C=C 双键活化偶联反应中，有两个问题是绕不开的。其一，在目前的实验室制备中，反应中间体和反应过渡态的捕获依然较为困难；其二，各基元步骤的化学反应动力学和热力学信息很难从合成实验中获得。目前通过量子化学理论计算与实验探究相结合，是获得催化反应机理行之有效的研究手段，对全面理解反应机理具有十分重要的意义。

近年来，笔者一直致力于该方向的理论计算研究工作，并报道了一些相关方面的研究成果。基于我们近些年的研究工作以及对本领域的理解，选择了五个方面进行概述，内容包括：①绪论；②理论基础和计算方法；③过渡金属催化 CO_2 与环氧烷烃反应；④过渡金属配合物催化烯烃氢化反应；⑤过渡金属配合物催化烯烃硅氢化反应和脱氢硅烷化反应。书中的理论结果很好地解释了实验现象。另外，对催化循环的可行性进行了评估，推测了反应机理，预测了反应过程中的稳定物种，为实验中间体的检测与表征提供参考。

由于密度泛函理论在有机反应机理方面的应用飞速发展，因此本书不能包含全部内容。在本书出版之际，特别感谢博士生导师武海顺教授、焦海军教授、张献明教授在学术上给予的指导和帮助；感谢贾建峰、吕瑾、王炳强三位老师的鼓励和建议；感谢杨丹丹、赵艳、刘晓燕、梁敏、田丽春、张翔、宋江宇等的实验工作；感谢徐卓文、李红红等的校核工作。由于作者水平有限，书中难免有疏漏或不当之处，敬请专家和读者批评指正。

郭彩红

2022 年 11 月于山西师范大学

目 录

第 1 章　绪论　/ 001
    1.1　均相催化 C═R 键（R = C，O）活化偶联反应概述　/ 001
    1.2　金属化合物均相催化 CO_2 合成环碳酸酯的发展概况　/ 002
    1.3　过渡金属配合物催化烯烃氢化和硅氢化反应的发展概况　/ 006
    1.4　C═R（R = C，O）键活化加成机理的研究意义　/ 009
    1.5　理论计算在反应机理研究中的重要性　/ 010
    参考文献　/ 011

第 2 章　理论基础和计算方法　/ 020
    2.1　概述　/ 020
    2.2　从头计算方法　/ 021
        2.2.1　薛定谔方程与三个基本近似　/ 021
        2.2.2　从头计算方法的原理　/ 022
        2.2.3　电子相关方法　/ 023
    2.3　密度泛函理论　/ 025
        2.3.1　Hohenberg-Kohn 定理　/ 026
        2.3.2　Kohn-Sham 方程　/ 026
        2.3.3　交换相关能泛函　/ 027
    2.4　过渡态理论简介　/ 029
    2.5　势能面概述　/ 030
        2.5.1　势能面上临界点的几何性质　/ 030
        2.5.2　势能面的相交和不相交原理　/ 031
        2.5.3　振动频率　/ 032
    2.6　内禀反应坐标理论　/ 034
    2.7　溶剂化效应　/ 035
    2.8　基组　/ 036
    2.9　本书使用的软件介绍　/ 038
        2.9.1　Gaussian 软件简介　/ 038

  2.9.2 ADF 软件简介　/ 038

 参考文献　/ 039

第 3 章 过渡金属催化 CO_2 与环氧烷烃反应　/ 044

 3.1 反应概述　/ 044

 3.2 氰甲基铜(Ⅰ)催化 CO_2 与环氧丙烷反应　/ 048

  3.2.1 氰甲基铜(Ⅰ)活化 CO_2 生成氰丙酸铜(Ⅰ)　/ 050

  3.2.2 二氧化碳载体氰丙酸铜(Ⅰ)与环氧丙烷的偶联机理　/ 053

 3.3 低价铼配合物 $Re(CO)_5Br$ 催化 CO_2 和环氧化物反应　/ 062

  3.3.1 预催化剂 $Re(CO)_5Br$ 的活化　/ 062

  3.3.2 环氧烷烃优先活化机理　/ 063

  3.3.3 CO_2 优先活化机理　/ 070

  3.3.4 超临界 CO_2 溶剂对反应热力学和动力学性质的影响　/ 070

 参考文献　/ 071

第 4 章 过渡金属配合物催化烯烃氢化反应　/ 075

 4.1 反应概述　/ 075

 4.2 计算细节　/ 077

 4.3 双亚氨基吡啶铁催化剂 $(^{iPr}PDI)Fe(N_2)_2$ 的活化　/ 079

 4.4 双亚氨基吡啶铁活性物种 $(^{iPr}PDI)FeN_2$ 与氢气和 1-丁烯的配位或取代反应　/ 081

 4.5 氢分子配合物 $(^{iPr}PDI)Fe(H_2)(CH_2{=\!=}CHCH_2CH_3)$ 的 1-丁烯氢化机理　/ 082

 4.6 活性物种 $(^{iPr}PDI)Fe(CH_2{=\!=}CHCH_2CH_3)$ 发生 1-丁烯异构化和 H_2 加成的机理　/ 086

 4.7 双亚氨基吡啶 Fe(0)催化烯烃氢化遵循开壳层单重态机理　/ 088

 参考文献　/ 089

第 5 章 过渡金属配合物催化烯烃硅氢化反应和脱氢硅烷化反应　/ 094

 5.1 反应概述　/ 094

 5.2 $Fe(CO)_5$ 催化乙烯硅氢加成的反应机理　/ 099

  5.2.1 烯烃的配位和插入　/ 101

  5.2.2 Si—C 还原消除形成乙基三甲基硅烷　/ 103

  5.2.3 β-H 还原消除形成乙烯基三甲基硅烷 / 106
  5.2.4 副产物烷烃的形成对反应的贡献 / 108
  5.2.5 烷基硅烷和乙烯基硅烷形成的竞争性比较 / 111
5.3 CpFe(CO)$_2$Me 催化二乙烯基二硅氧烷化学选择性脱氢硅烷化机理 / 112
  5.3.1 活性催化物种 CpFe(CO)SiR′$_3$ 的生成 / 113
  5.3.2 二乙烯基二硅氧烷的配位 / 115
  5.3.3 端烯基脱氢硅烷化 / 116
  5.3.4 端烯加氢 / 117
5.4 双亚氨基吡啶钴催化烯烃化学选择性脱氢硅烷化机理 / 118
  5.4.1 由预催化剂 (^{Mes}PDI)Co(CH$_3$) 生成活性催化物种 (^{Mes}PDI)Co-[Si]：三种多重度路径的能量比较 / 121
  5.4.2 三种多重度 (^{Mes}PDI)Co-[Si] 催化 1-丁烯的硅烷化脱氢机理 / 123
  5.4.3 (^{Mes}PDI)Co-[Si] 催化 4,4-二甲基-1-戊烯的硅烷化脱氢机理 / 127
  5.4.4 副产物烷烃生成的重要性 / 129

参考文献 / 131

第 1 章 绪论

1.1 均相催化 C=R 键（R = C, O）活化偶联反应概述

创造新物质和研究新方法始终是化学家们追求的主题。自 20 世纪 50 年代二茂铁的合成和 Ziegler-Natta 催化剂的发明及其在聚烯烃工业的成功应用以来，金属有机化学这一化学分支学科进入飞速发展阶段。在反应体系中引入特定的过渡金属配合物作为催化剂，许多以往很难实现的化学反应得以发生，并可以高效地转化。过渡金属催化的有机合成反应是化学研究的前沿领域，其中过渡金属均相催化不饱和 C=O 和 C=C 双键活化偶联反应是构建 C—C 键、碳杂原子键（如 C—N、C—O、C—Si、C—H 键）等最有效的方法之一。通过这些偶联反应可以合成一些基本的化工原料及有应用价值的化工产品，如甲醇、胺、碳酸酯、可降解的聚碳酸酯塑料、有机硅化合物等[1,2]。与非均相催化过程相比，均相催化在工业生产和有机合成中占有非常重要的地位[3,4]，具有高活性、高选择性等优点。

环境和能源问题是人类当前和今后面临和亟待解决的重大问题。二氧化碳的捕获和转化成为环境治理的理想且有效的手段[5,6]。以二氧化碳为起始原料，研发环境友好的绿色化学方法来实现 CO_2 的转化和利用是重要的研究方向，也是富有挑战性的研究课题[7-11]，对于全球气候问题具有重要的科学意义和应用价值[6,12-14]。在有机合成中 CO_2 成为诱人的 C_1 组装单元，CO_2 与环氧化物的偶联反应为原子经济型反应，合成的环碳酸酯不仅是极好的非质子极性溶剂、重要的有机合成中间体和生物医药前体，而且还是制备聚合物和工程塑料的原材料等[15-18]，CO_2/环氧化物偶联被认为是二氧化碳化学固定最具前景的方法之一[19-21]。以烯烃为原料，经 C=C 双键选择性

硅氢化反应合成含硅的有机化合物，在有机硅化学和有机硅工业中占有非常重要的地位[22,23]。在化学家们的不懈努力下，越来越多的催化体系可以实现以上 C═O 和 C═C 双键活化偶联反应，包括贵金属 Pd、Pt、Ru、Rh、Ir 等和非贵金属 Mn、Fe、Co、Ni 等配合物。贵金属配合物具有极好的催化活性和对映选择性，在工业上得到了一定的应用。但由于贵金属储量的日益减少，重金属毒性和废物回收及处理成本的日益提高，寻找环境友好、能量消耗少、转化效率高的普通催化剂成为当前研究热点。

1.2 金属化合物均相催化 CO_2 合成环碳酸酯的发展概况

1969 年，Inoue 等[24]在探索以环氧化物与异质多重键分子合成高聚物时，首次发现二氧化碳与环氧化合物在催化剂 Et_2Zn/H_2O（1:1）的作用下可以共聚合成聚碳酸酯（**1a**），如图 1-1 所示。这一发现为环氧化物与 CO_2 偶联反应合成环碳酸酯奠定了基础。环氧化物在有机合成中的应用价值在于其相对和绝对意义上控制立体化学的能力。环氧化物的转化依赖于开环的容易程度，如果能够在保留构型的情况下打开环氧化物，得到相应的顺式加成产物，则这些中间体在合成中的实际应用范围将会扩大。

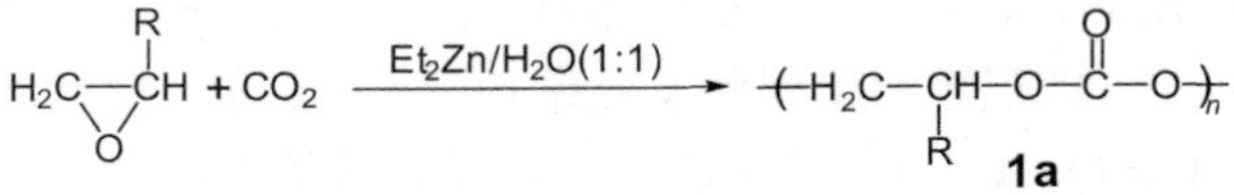

$$H_2C\underset{\underset{R}{|}}{-}CH\diagdown O + CO_2 \xrightarrow{Et_2Zn/H_2O(1:1)} {+}H_2C-\underset{\underset{R}{|}}{C}H-O-\underset{\underset{O}{\|}}{C}-O{\overset{}{+}}_n$$
1a

图 1-1 CO_2 与环氧化物的共聚反应[24]

一般地，在催化剂作用下 CO_2 加成到环氧化物的 C—O 键上，反应条件较为苛刻（如高温、高压、溶剂参与等），催化剂与反应产物分离困难，生产成本较高。人们致力于研发催化活性高、反应条件温和（反应压力及反应温度低）、反应时间短、选择性好、产品质量好的高效经济催化体系[21,25-28]。到目前为止，已报道的均相催化剂体系主要有金属配合物、碱金属卤化物[29]、离子液体（如四烷基季铵盐）[30,31]、季磷盐[32]、吡啶盐(BPy^+)X（X = Cl^-，BF_4^-，PF_6^-）[33,34]、咪唑盐[35,36]、含氢供体有机催化剂[37,38]、手性大环有机催化剂[39]等。过渡金属配合物作为催化剂的突出特征不仅在于金属的种类和价态的多变性，还在于通过适当选择其周围的配位体就能微妙地调节反应。本书涉及的催化反应为均相催化类型。

不饱和过渡金属配合物是研究较早的一类催化剂，最早 de Pasquale[40]对一系列经典的零价膦配体镍配合物 NiL_2 催化 CO_2 与环氧化物的偶联反应进行研究，如图 1-2 所示，作者发现(Ph$_3$P)$_2$Ni 是一种高效催化剂，在 100℃ 的苯溶液中 1-氯-2,3-环氧丙烷生成环碳酸酯的产率为 100%。但由于催化反应体系对空气和水分都敏感，且当时实验检测手段有限，反应过程的可能活性中间物种 **2a**、**2b** 或 **2c**（图 1-2）未被分离或检测，确切的反应机理仍然存在争议。随着实验检测手段的进步，对于富电子催化剂 M(PR$_3$)$_4$（M = Ni 或 Pd），只有在活泼的环氧化物如四氰乙烯氧化物[41]或低温基质[42]中才能观察到含氧金属环丁烷（**2c**）。在 Pd(0)介导的烯丙基环氧化物与 CO$_2$ 的加成反应中，烯丙基的邻位 C—O 断裂，乙烯基环氧化物的活性最高，产物环碳酸酯保留了原来的立体化学性质[43]。较稳定的六元环含金属碳酸酯被报道，研究者是利用 Pt(Ⅱ)配合物 PtMe$_2$(NN)（式中 NN 为 2,2′-联吡啶或 1,10-菲啰啉）与 trans-环氧化物在 0℃ 和 CO$_2$ 为环境压力下得到的[44,45]，并利用核磁共振证实产物具有 cis-1-D-2-Ph-环碳酸酯（图 1-3）的立体化学性质[45]，—CHD 中心的立体化学发生反转，原因在于环氧化物的氧化加成属于 S$_N$2 机理，其中金属攻击空间位阻较小的碳原子（**3a**），形成偶极中间体 **3b** 和四元环中间体 **3c**，非对映异构体的快速转化在于 **3c** 的 Pt—O 键解离得到的烷氧基发生了旋转和重新配位。

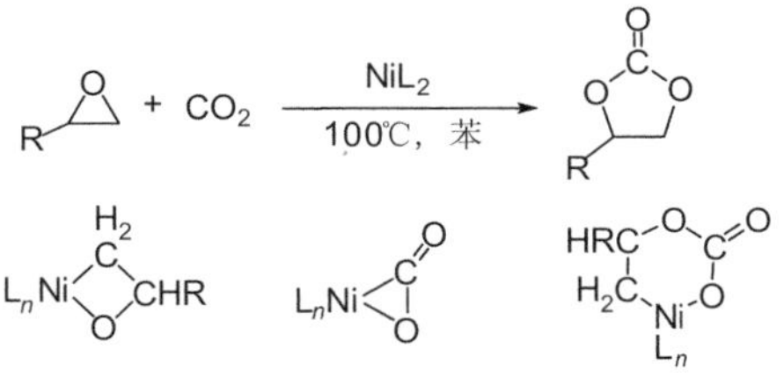

图 1-2 NiL$_n$催化二氧化碳和环氧化物合成环碳酸酯的可能中间物种[40]

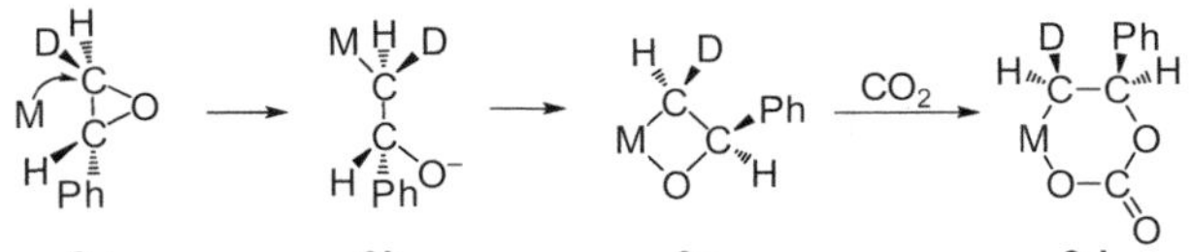

图 1-3 cis-1-D-2-Ph-环碳酸酯的形成机理[45]

关于环氧化物和二氧化碳的偶联环加成反应，大量文献报道金属配合物与离子液体联合后，反应的产率和转化率会得到很大的改善，反应速率取决于阴离子的亲核性，同时也取决于阳离子的结构。常压下典型的熔融四丁基碘化铵（TBAI）比四丁基溴化铵（TBAB）有更高的活性[46]，原因在于碘离子比溴离子的亲核性强。研究者起初提出了平行活化机制，即路易斯碱活化 CO$_2$ 的同时，路易斯酸活化环氧化物，推测 Ni(PPh$_3$)$_3$ 会活化 CO$_2$ 生成三元环中间体 **2b**

(图 1-2)[47]。随着实验测试手段的进步，更为人们所接受的是环氧化物开环在先，通常的催化剂体系遵循协同开环机制，即路易斯碱和路易斯酸共同作用于环氧化物，使环氧化物开环之后与 CO_2 反应产生相应的环碳酸酯。一类为含吡啶基或有机膦配体的卤化锌配合物 L_2ZnX_2，L 为吡啶类配体或有机膦配体 PMe_2Ph、PEt_3、PBu_3、PPh_3、PCy_3，X 为卤素 Cl、Br、I。Kim 等[48,49]首次分离并利用 X 射线单晶衍射仪表征了由吡啶烷氧基桥联的二聚体配合物 $Zn_2Br_4(\mu\text{-}OCHRCH_2\text{-}NC_5H_5)_2$，如图 1-4 所示，单晶结构 **4a** 中两吡啶烷氧基桥联两金属 Zn(Ⅱ)离子，Zn_2O_2 中心呈四方平面构型。与双吡啶基卤化锌相比，有机膦类卤化锌配合物 L_2ZnBr_2 催化环氧乙烷和 CO_2 偶联反应时[50]，表现出更高的反应活性，在 $ZnBr_2(PPh_3)_2$ 与环氧乙烷反应时，通过 ^{31}P 核磁共振谱证实了反应活性中间物种是由三分子乙氧基膦配体桥联的三聚体锌配合物 $Zn_3Br_6[\mu\text{-}OCH_2CH_2\text{-}P(C_6H_5)_3]_3$（**4b**）。这些结果证明，环氧化物优先被路易斯酸性中心锌离子和路易斯碱吡啶或膦配体活化，而卤化锌的卤离子不参与进攻环氧化物，吡啶不活化 CO_2。

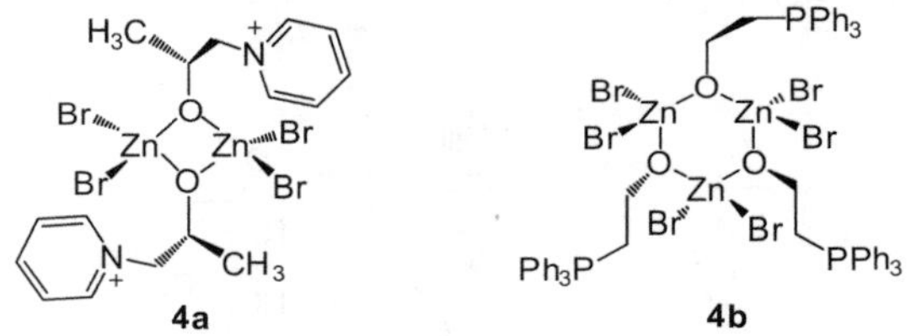

图 1-4 二聚体 4a 和三聚体 4b

另一类是由大环四齿配体 Salen 或卟啉与过渡金属形成的配合物，再结合助剂路易斯碱构成的催化体系。Salen 配体的基本结构单元及其配合物的结构，如图 1-5 所示，Salen 配体是在四齿席夫碱基础上发展而来的有机配体，是通过 2-羟基芳香醛和二胺脱去两分子水缩合得到的螯合席夫碱，可通过改变芳香醛和二胺进行修饰，得到多种空间结构新颖、性质多样的 Salen 配体。例如 Cr(Ⅲ)[51]、Mg(Ⅱ)[52]、Zn(Ⅱ)[53]、Co(Ⅲ)[54]、Al(Ⅲ)卟啉，四苯基卟啉 TPP-Ru 配合物[55]，Cr(Ⅲ)[56,57]、Co(Ⅲ)[58]、Sn(Ⅱ)和 Sn(Ⅳ)[59]、Cu(Ⅱ)、Co(Ⅱ)、Zn(Ⅱ) Salen 型金属配合物[60]，助催化剂路易斯碱可以为 4-二甲氨基吡啶（DMAP）[56]、季铵盐如四丁基溴化铵[61,62]等。一些大环 Salen 钴配合物结合助剂能够催化环氧化物不对称开环得到具有光学活性的环碳酸酯，因而备受关注[63-65]，如图 1-5 中手性催化剂 **5b**[66]，各种多重手性钴配合物 BINADCo(Ⅲ)X[67,68] **5c**，BINAD 配体为双(1,1'-2-羟基-2'-醇氧基-3-萘亚烯基)-1,2-环己烷二胺。Nguyen 等[59]首次报道了(Salen)Sn(Ⅳ)配合物催化合成碳酸丙烯酯的催化活性高于相应

(Salen)Sn(Ⅱ)配合物，发现路易斯酸酸性越强，催化剂反应活性越高。与 DMAP 相比，离子液体季铵盐如四丁基溴化铵作为助剂时，反应的转化频率更高[69]。用 NMR 光谱、FTIR 光谱、同位素示踪标记等方法研究四齿席夫碱铝配合物 (Salen)AlX（X = Cl、OMe、C_2H_5、$OCH_2CH_2(OCH_2CH_2)_2Cl$）/季铵盐或季鏻盐催化剂体系对环氧烷烃和 CO_2 环加成反应机理，发现了二元催化剂的协同效应[70-73]，如季铵盐 n-Bu_4NBr 的活性阴离子 Br^- 和(Salen)AlX 的亲电中心同时与环氧化物的 C—O 键作用使其断裂[72]。

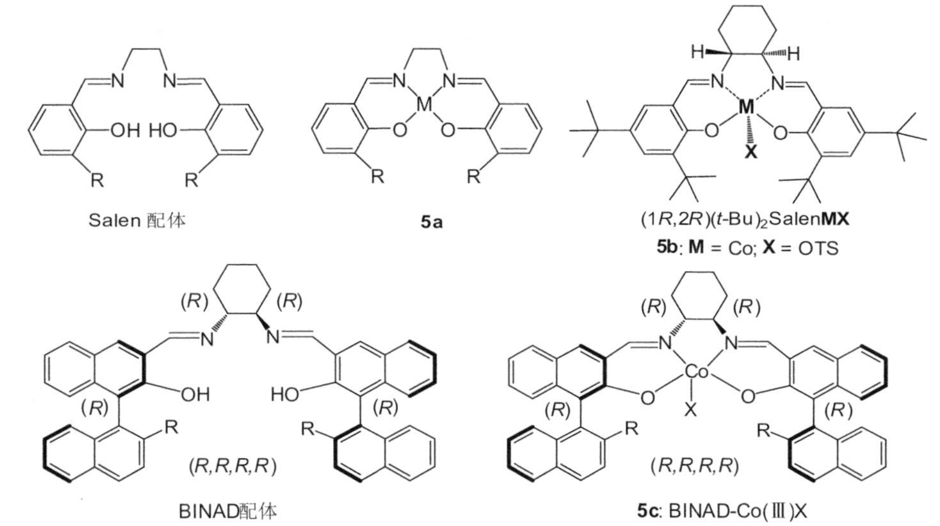

图 1-5　Salen 配体和手性 BIAND 配体的骨架结构和形成的配合物结构[66,67]

在超临界二氧化碳流体（sc-CO_2）中，催化剂体系可以快速将环氧化物转化为环碳酸酯，这是由于超临界二氧化碳流体（sc-CO_2）具有类似液体的高密度和接近气体的低黏度，传质速度高，流动性好[74]，通过调节压力控制反应物质的扩散系数，从而控制反应，同时控制超临界流体的催化萃取过程，实现产物与催化剂的有效分离，sc-CO_2 作为反应介质使得催化剂和产品分离状况得到很大的改善[75]。在 sc-CO_2 与不添加任何助剂和溶剂的条件下，Hua 课题组首次报道了单组分过渡金属配合物 $Re(CO)_5Br$ 催化合成环碳酸酯，产率高达 97%[76]，Hua 等提出的反应机理沿用了 Heck 和 Breslow 机理[77]中过渡金属羰基化合物失去一个羰基生成 16 电子不饱和配合物，即 $Re(CO)_4Br$ 激活反应，实验上未给出直接令人信服的证据。近年来，有大量的实验研究发现含有氢键供体如羟基、氨基等的有机化合物能够高效催化 CO_2 与环氧化物合成环碳酸酯[78,79]，氢键在稳定开环烷氧基物种和烷氧基碳酸根离子起到了非常重要的作用[80]。

关于二氧化碳与环氧化物合成环碳酸酯的活性催化剂已经有了很大的进展。单纯依靠实验手段检测，不能完全获得催化反应中间体的信息，因此全面理解详细的反应机理必须借助量子化学计算手段，以获得具体的反应途径信息。笔者课题组做了一些相关过渡金属配合物、碱金属盐和有机催化剂等催化环氧化物和二氧化碳形成环碳酸酯的机理研究[81-84]，揭示了催化剂结构与性质的关系，从而为新型高效催化剂的研发及应用提供理论指导。

1.3　过渡金属配合物催化烯烃氢化和硅氢化反应的发展概况

烯烃是有机合成中的重要基础原料，烯烃分子中 C=C 双键可发生多种化学反应，如氢化、卤化、氢化硅烷化、聚合等加成反应。特别是过渡金属配合物催化末端烯烃的氢化硅烷化是有机合成中的重要化学反应之一[85]，广泛应用于有机硅化合物的商业生产，例如制备多功能含硅中间体[86]、功能化材料和有价值的药物分子[23]。但硅氢化反应过程中经常伴随一些副反应发生，如烯烃异构化、低聚反应、聚合反应、烯烃脱氢硅烷化、氢化反应等[87]，如图 1-6 所示。其中，烯烃的区域选择性脱氢硅烷化反应是合成乙烯基硅烷和烯丙基硅烷的一种潜在的有吸引力的方法，乙烯基硅烷和烯丙基硅烷因具有低毒、高稳定性等优异性能而被用作有机合成的中间体和多功能试剂，在有机合成领域具有重要作用。因此烯烃的氢化硅烷化和脱氢硅烷化反应都具有重要的研究意义。

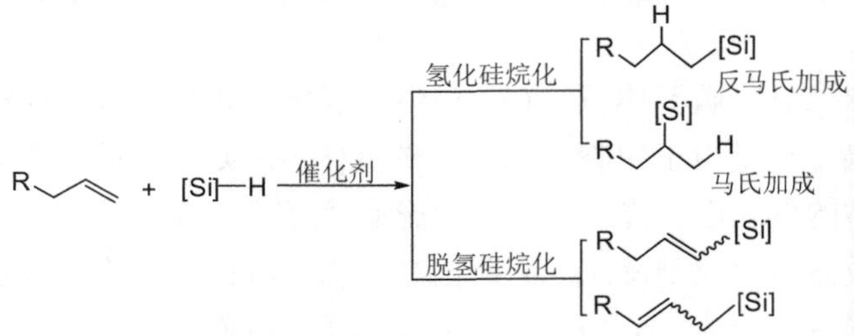

图 1-6　末端烯烃和硅烷偶联反应的类型

早期主要依赖于贵金属（如钌、铑、铱、铂和钯）催化剂，如含铂配合物，Speier 和 Karstedt 催化剂[87]。近年来，丰度高、价格低、环境友好的铁、钴、镍等普通金属催化剂备受人们的青睐[86]，以铁、钴、镍等地壳含量丰富的元素为中心，人们合成了多种钳形配合物，配体为各种多齿有机配体，广泛用于催化烯烃氢化、硅氢化、脱氢硅烷化反应，展现出了底物范围多样化和高选择性的优点，有望补充或取代贵金属催化剂。

如图 1-7 所示，2,6-双亚氨基吡啶铁双氮配合物 (^{iPr}PDI)Fe(N$_2$)$_2$ 在催化不饱和烯烃的氢化硅烷化反应时展现出很好的催化性能，^{iPr}PDI 为 2,6-(2,6-^{i}Pr$_2$-C$_6$H$_3$N=CMe)$_2$C$_5$H$_3$N，(^{iPr}PDI)Fe(N$_2$)$_2$ 成为普通金属配合物用于催化烯烃氢化硅烷化反应的一个里程碑[88]。在甲苯溶剂中，与传统催化剂 (Ph$_3$P)$_3$RhCl、[(COD)Ir$^-$(PCy$_3$)py]PF$_6$ 催化 1-己烯氢化反应相比，(^{iPr}PDI)Fe(N$_2$)$_2$ 催化 1-己烯或环己烯氢化反应的选择性和转化率更高。在 22°C，(^{iPr}PDI)Fe(N$_2$)$_2$ 催化 1-己烯和硅烷 PhSiH$_3$ 或 Ph$_2$SiH$_2$ 硅氢化反应，均得到反马氏加成产物，其中 PhSiH$_3$ 作为反应硅烷时，反应较快。二聚芳基取代双亚氨基吡啶铁双氮配合物 [(^{Et}PDI)Fe(N$_2$)]$_2$(μ_2-N$_2$) 和 [(^{Me}PDI)Fe(N$_2$)]$_2$(μ_2-N$_2$) 催化 1-辛烯与 (Me$_3$SiO)$_2$MeSiH（MD'M）反应进行的是反马氏加成过程[89]，得到的产物 3-辛基-1,1,1,3,5,5,5-七甲基三硅氧烷可以用于农业和化妆品行业。[(^{Me}PDI)Fe(N$_2$)]$_2$(μ_2-N$_2$) 催化 1-辛烯和 Et$_3$SiH 发生硅氢化反应，45min 内，产率达到 98% 以上。拥有最小取代基的双核双氮 [(^{Me}PDI)Fe(N$_2$)]$_2$(μ_2-N$_2$) 在催化烯烃氢化时，催化效率比单核 (^{iPr}PDI)Fe(N$_2$)$_2$ 有显著提高[90]。

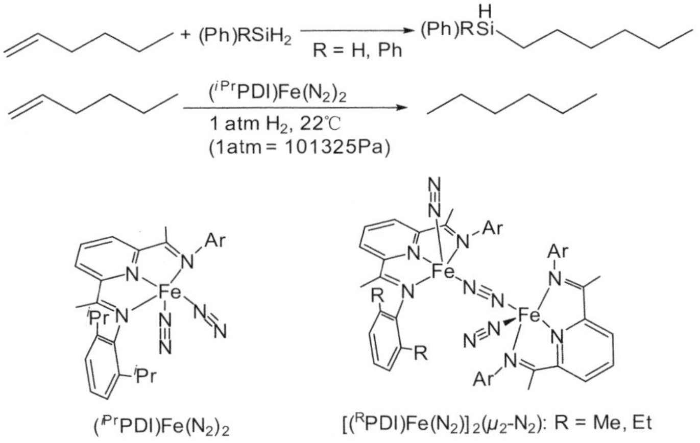

图 1-7 双亚氨基吡啶铁双氮配合物

2012 年，Nakazawa 等[91]报道了 CpFe(CO)$_2$Me 催化 1,3-二乙烯基硅氧烷与三级硅烷、(Me$_3$SiO)$_2$MeSiH（MD'M）、Ph$_2$MeSiH 等在甲苯溶液中进行脱氢硅烷化反应，生成相应的(E)-乙烯基硅烷的产率是 44%～98%，见图 1-8。在这个转变过程中，二乙烯基底物中的一个 C=C 基团发生脱氢硅烷化反应，另一个 C=C 基团发生氢化反应。在氘标记研究中，用 Ph$_2$MeSiD 作为氘代试剂，在标准催化条件下，α-氘代产物的产率是 53%。原位核磁共振以及氘代示踪法证实了产物中原乙烯基位置加成后 α-碳上的 H 来自氢硅烷中的氢，β-碳上的氢源于另一个乙烯基 β-碳上的氢。

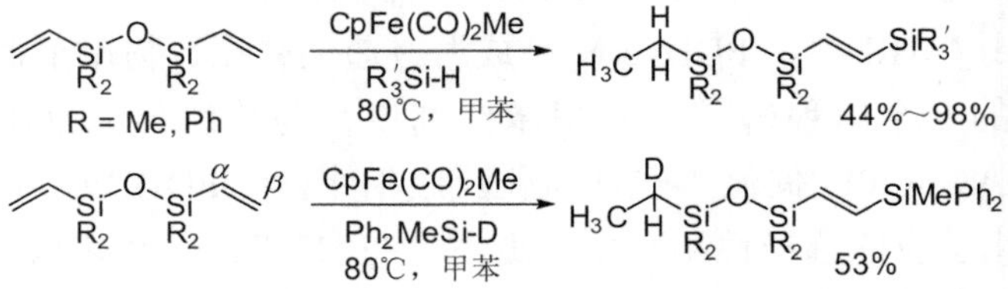

图 1-8 CpFe(CO)$_2$Me 催化 1,3-二乙烯基硅氧烷的脱氢硅烷化反应

由于烯烃与硅烷的反应存在竞争性，如图 1-6 所示，例如硅氢加成产生烷基硅烷或 β-氢消除产生乙烯基硅烷，利用烯烃区域选择性脱氢硅烷化也存在很大的挑战[92]。因此，发展高效、高选择性的非贵金属催化体系具有重要意义。过去用于脱氢硅烷化的大多数催化剂依赖于贵金属，如 Ru[93]、Rh[94,95]、Ir[96-98]、Pt[99]等，近年来低成本、环境友好的 Fe[100]、Co[4]、Ni[101]配合物催化剂引起了人们的广泛关注。特别是随着高效铁基催化剂的研究开发[102,103]，钴基硅氢加成催化剂的研究也取得了丰硕的成果，这些反应具有底物范围广、选择性高的特点[104-108]。2014 年，Chirik[109]课题组报道了在室温无溶剂条件下含芳基取代双亚氨基吡啶的甲基钴(^{Mes}PDI)CoCH$_3$ 催化一系列脂肪族端烯烃与商业三级硅烷发生反马式脱氢硅烷化反应，^{Mes}PDI 为 2,6-(2,4,6-Me$_3$C$_6$H$_2$-N=CMe)$_2$C$_5$H$_3$N，如图 1-9。钴基配合物催化的烯烃脱氢硅烷化反应展现出了底物范围多样化和高选择性的优点。实验中末端烯烃与三级硅烷的用量比为 2∶1，产物的不同主要取决于烯烃取代基 R 与三级硅烷的空间位阻；对于选定的三级硅(Me$_3$SiO)$_2$MeSiH，小位阻烯烃参与反应仅生成烯丙基硅烷；而大位阻烯烃参与反应则生成两种产物，其中烯丙基硅烷是主产物，乙烯基硅烷是副产物。(^{Mes}PDI)CoCH$_3$ 不仅可以催化各种末端烯烃与商用三级硅烷发生脱氢硅烷化反应，也可为发展其他区域选择性衍生催化体系提供参考。

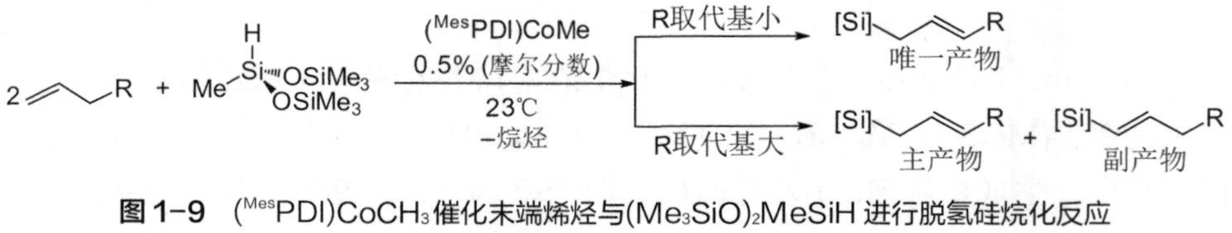

图 1-9 (^{Mes}PDI)CoCH$_3$ 催化末端烯烃与(Me$_3$SiO)$_2$MeSiH 进行脱氢硅烷化反应

环境友好型普通金属催化剂已经在烯烃氢化硅烷化反应方面取得了很大的进展。后 3d 过渡金属如第一过渡系铁、钴配合物在催化反应过程中，铁和钴中心的几何配位构型和自旋态可能会发生变化，展现出独特的催化反应机制。

对于烯烃氢化硅烷化反应而言，与传统贵金属催化剂相比，2,6-双亚氨基吡啶铁双氮配合物的催化性能好、活性高，这是里程碑式的突破。双亚氨基吡啶钴配合物也受到了关注，脱氢硅烷化反应不再是烯烃氢化硅烷化的副反应，而是作为一类生成重要有机合成中间体的优势反应。对于铁、钴配合物催化烯烃的相关反应仍然面临一些挑战，例如：如何控制硅氢化、脱氢硅烷化反应的区域选择性，实现目标产物产率最大化；设计催化性能良好的新型普通金属催化剂以补充或代替贵金属催化剂。尽管实验上已经提出了可能的反应机理，但实验测试手段毕竟有限，短暂存在的中间体以及过渡态都无法捕获，也无从比较可能反应路径的能量变化。这些都将成为限制后续研究的因素，也是迫切需要解决的问题。

1.4　C=R（R = C, O）键活化加成机理的研究意义

利用石油化工的裂解产物烯烃和工业废气 CO_2 获得有用的化工产品一直是人们关注的热点。关于二氧化碳转化为环碳酸酯的催化剂的制备和性质实验研究已经取得了很大的进展，然而由于催化剂对空气/水分敏感、反应需要高温高压或者需要加入有机溶剂等，在过渡金属配合物均相催化 C=O 和 C=C 双键的偶联反应领域，还存在着许多尚未解决的问题，如催化反应中间体物种不稳定、难捕获等，单纯依靠实验手段检测或跟踪化学反应动态，很难较为全面地认识整个催化过程的反应机理。

近年来人们提出偶联反应的一般机理为，在催化剂**[M]**的作用下，反应底物 **A** 和 **B** 生成 **A-B** 的过程会涉及三个关键反应步骤：①金属催化剂首先与反应底物 **A** 发生作用生成含碳金属键中间体**[M]-A**；②**[M]-A** 中间体进一步和反应底物 **B** 发生作用生成 **A-[M]-B**；③含碳金属键中间体 **A-[M]-B** 猝灭转化生成目标产物，同时催化活性物种**[M]**再生。

均相催化二氧化碳和环氧化物合成环碳酸酯与均相催化末端烯烃与含 Si—H 键的硅烷类化合物制备有机硅化合物的过程中，以贵金属 Pt、Rh、Ru、Pd 等配合物为催化剂，催化剂的效果和催化作用机理都取得了可喜的研究成果。大量文献显示，不同的过渡金属或不同族过渡金属，其催化性能不同，所经历的催化循环存在很大的差异[110,111]。例如，Pt 配合物催化烯烃硅氢化反应一般遵循 Chalk-Harrod 机理[112,113]；Rh 配合物催化烯烃硅氢化反应的最优反应路径为改进的 Chalk-Harrod 循环[113]；对于 Ru 配合物催化剂，σ 键置换机理（SBM）是最为有利的，Ru-硅烯催化烯烃硅氢化反应遵循 [2σ+2π] 加成机理[114,115]；而金属 Zr 配合物催化倾向于烯烃协同的耦合作用机制[116]。第一过渡系金属配

合物催化剂可能遵循金属-配体协同作用的策略与机理[117,118]。由于均相催化过程非常复杂，经常涉及许多中间体和可能的机理；通过实验方法研究活性催化物种或中间体具有很大的挑战性，诸如反应区域选择性、取代基的影响等问题依然困扰着人们；新机理的提出往往首先以实验观察为前提，大多限于推测阶段，催化转化的机理研究也面临许多挑战。随着催化剂原位表征技术的不断进步和科学经验的不断积累，人们对催化过程的认识正逐渐从宏观领域进入微观领域，催化剂的制备也正逐渐从传统的"炒菜式尝试"阶段向分子水平的"科学设计"阶段发展。

量子化学方法尤其是高水平的密度泛函理论已经成为计算化学的主流，可以对催化反应的细节、中间物种及过渡态的物理和化学性质进行很好的预测，并获得详尽的化学反应动力学和热力学数据[119,120]。目前，理论计算已是获得过渡金属配合物催化偶联反应详细机理的必要实验手段，将其与实验数据相结合，可为今后工业上反应物条件的控制提供理论依据，并为环境保护和人类可持续协调发展奠定科学基础。

1.5　理论计算在反应机理研究中的重要性

随着计算机技术的发展、计算方法的改进和计算能力的巨大进步，量子化学计算越来越多地用于研究、理解和预测化合物的结构和性质等。特别是目前将量子化学理论计算与实验探究相结合，是获得催化反应机理行之有效的研究手段，对全面彻底地理解反应机理具有十分重要的意义。对有机合成具有重要意义的Pd、Ni、Rh和Ir的催化转化计算研究已有综述报道[121,122]。尽管所采用计算方法的准确性会受到一定的限制［因为常用的有机金属配合物和配体的构象自由度以及反应条件（溶剂效应）的精确再现仍然存在挑战］，但与实验研究结合或用于解决反应活性的特定相对趋势时，量子化学计算无疑比目前可用的任何其他方法更能提供更深入的见解[123]。

人们可以通过量子化学计算探究催化剂结构与反应活性的关系、获得催化剂与反应物分子之间相互作用机制和反应历程等用实验方法难以得到的信息和数据，对已有实验结果进行解释，并在此基础上进行催化剂的设计，已经成为实验研究与理论研究的有机结合点[124]。所以更深入地探讨催化反应机理，开发新型高效高选择性催化剂仍有很大的研究空间。在对一种新的反应机制进行试验之前，初步的量子化学计算能够定性和定量地预见各种可能的结果，有利于增强下一步实验工作的目的性。

对于均相催化C=R（R=C和O）键偶联反应历程，利用量子化学方法，通过计算活性催化剂的结构，研究活性催化剂活化底物偶联的可能途径与机理，可以为相关反应提供理论依据。事实上，理论计算可以对催化循环的可行性进行评估，对推测反应机理具有非常重要的作用；而且可以推测反应过程中的稳定物种，为实验中间体的检测表征提供参考。另外，随着计算机技术的飞速发展和量子化学计算方法的不断改进，理论计算在研究催化循环中的应用必将越来越多。

  基于此，本书具体的研究内容包含以下几个方面：①基于实验分析结果，选取合理的模型催化剂和反应底物。利用多种密度泛函方法对催化剂进行计算，通过与实验参数比较，筛选合理的量子化学方法。②设计催化剂参与反应时各种可能反应路径，利用量子化学方法优化反应物、中间体、过渡态和产物的结构，构造多种路径的自由能曲线。③结合活化自由能、反应自由能、反应焓变以及物种的相对自由能，分析各反应路径的热力学和动力学信息以及竞争性，确定最可能的反应路径。④根据能量最低的自由能曲线，讨论反应的速控步，分析反应区域选择性和化学选择性的原因，与已有的实验结果进行比较，从理论上加以解释、论证和预测。具体分为三大部分：

  ① 对几种过渡金属配合物均相催化 CO_2 合成环碳酸酯的反应机理进行理论研究与分析。

  ② 对含有氧化还原性质配体的过渡金属配合物催化烯烃氢化反应和烯烃异构化反应进行模拟计算研究，探讨多重度对反应的影响。

  ③ 对几种过渡金属配合物催化烯烃硅氢化和烯烃脱氢硅烷化的反应机理进行理论研究与探索。

参考文献

[1] Blieck R, Taillefer M, Monnier F. Metal-catalyzed intermolecular hydrofunctionalization of allenes: Easy access to allylic structures via the selective formation of C—N, C—C, and C—O bonds. *Chemi Rev*, **2020**, 120 (24): 13545-13598.

[2] Irrgang T, Kempe R. Transition-metal-catalyzed reductive amination employing hydrogen. *Chem Rev*, **2020**, 120 (17): 9583-9674.

[3] Laird T. Applied homogeneous catalysis. *Organic Process Research & Development*, **2012**, 16 (9): 1570.

[4] Mukherjee A, lstein D. Homogeneous catalysis by cobalt and manganese pincer Complexes. *ACS Catal*, **2018**, 8 (12): 11435-11469.

[5] Goeppert A, Czaun M, Surya Prakash G K, et al. Air as the renewable carbon source of the future: An overview of CO_2 capture from the atmosphere. *Energ Environ Sci*, **2012**, 5 (7): 7833-7853.

[6] Sminchak J R, Mawalkar S, Gupta N. Large CO_2 storage volumes result in net negative

[7] Burkart M D, Hazari N, Tway C L, et al. Opportunities and challenges for catalysis in carbon dioxide utilization. *ACS Catal*, **2019**, 9 (9): 7937-7956.

[8] Septavaux J, Germain G, Leclaire J. Dynamic covalent chemistry of carbon dioxide: Opportunities to address environmental issues. *Acc Chem Res*, **2017**, 50 (7): 1692-1701.

[9] Artz J, Müller T E, Thenert K, et al. Sustainable conversion of carbon dioxide: An integrated review of catalysis and life cycle assessment. *Chem, Rev*, **2018**, 118 (2): 434-504.

[10] Braunstein P, Matt D, Nobel D. Reactions of carbon dioxide with carbon-carbon bond formation catalyzed by transition-metal complexes. *Chem, Rev*, **1988**, 88 (5): 747-764.

[11] Arakawa H, Aresta M, Armor J N, et al. Catalysis research of relevance to carbon management: Progress, challenges, and opportunities. *Chem, Rev*, **2001**, 101 (4): 953-996.

[12] Yue D, Gong J, You F. Synergies between geological sequestration and microalgae biofixation for greenhouse gas abatement: Life cycle design of carbon capture, utilization, and storage supply chains. *ACS Sustain Chem, Eng*, **2015**, 3 (5): 841-861.

[13] Khoo H H, Tan R B H. Life cycle investigation of CO_2 recovery and sequestration. *Environ, Scie Technol*, **2006**, 40 (12): 4016-4024.

[14] Hoegh-Guldberg O, Mumby P J, Hooten A J, et al. Coral reefs under rapid climate change and ocean acidification. *Science*, **2007**, 318 (5857): 1737.

[15] Darensbourg D J. Making plastics from carbon dioxide: Salen metal complexes as catalysts for the production of polycarbonates from epoxides and CO_2. *Chem Rev*, **2007**, 107 (6): 2388-2410.

[16] Clements J H. Reactive applications of cyclic alkylene carbonates. *Ind Eng Chem Res*, **2003**, 42 (4): 663-674.

[17] Chernyak Y, Clements J H. Vapor pressure and liquid heat capacity of alkylene carbonates. *J Chem Eng Data*, **2004**, 49 (5): 1180-1184.

[18] Shaikh A A G, Sivaram S. Organic carbonates. *Chem Rev*, **1996**, 96 (3): 951-976.

[19] Sakakura T, Choi J C, Yasuda H. Transformation of carbon dioxide. *Chemical Reviews*, **2007**, 107 (6): 2365-2387.

[20] Martín C, Fiorani G, Kleij A W. Recent advances in the catalytic preparation of cyclic organic carbonates. *ACS Catal*, **2015**, 5 (2): 1353-1370.

[21] Shaikh R R, Pornpraprom S, D'Elia V. Catalytic strategies for the cycloaddition of pure, diluted, and waste CO_2 to epoxides under ambient conditions. *ACS Catal*, **2018**, 8 (1): 419-450.

[22] El-Abbady A M, Anderson L C. γ-Ray initiated reactions. Ⅱ. The addition of silicon hydrides to alkenes. *J Am Chem Soc*, **1958**, 80 (7): 1737-1739.

[23] Franz A K, Wilson S O. Organosilicon molecules with medicinal applications. *J Med Chem*, **2013**, 56 (2): 388-405.

[24] Inoue S, Koinuma H, Tsuruta T. Copolymerization of carbon dioxide and epoxide. *J Polym Sci Polym Lett*, **1969**, 7 (4): 287-292.

[25] Kamphuis A J, Picchioni F, Pescarmona P P. CO_2-fixation into cyclic and polymeric carbonates: Principles and applications. *Green Chem*, **2019**, 21 (3): 406-448.

[26] Claver C, Yeamin M B, Reguero M, et al. Recent advances in the use of catalysts based on natural products for the conversion of CO_2 into cyclic carbonates. *Green Chem*, **2020**, 22 (22): 7665-7706.

[27] Alves M, Grignard B, Mereau R, et al. Organocatalyzed coupling of carbon dioxide with epoxides for the synthesis of cyclic carbonates: Catalyst design and mechanistic studies. *Catal Sci Technol*, **2017**, 7 (13): 2651-2684.

[28] Pescarmona P P, Taherimehr M. Challenges in the catalytic synthesis of cyclic and polymeric carbonates from epoxides and CO_2. *Catal Sci Technol*, **2012**, 2 (11): 2169-2187.

[29] Kihara N, Hara N, Endo T. Catalytic activity of various salts in the reaction of 2,3-epoxypropyl phenyl ether and carbon dioxide under atmospheric pressure. *J Org Chem*, **1993**, 58 (23): 6198-6202.

[30] Zhao Y, Tian J S, Qi X H, et al. Quaternary ammonium salt-functionalized chitosan: An easily recyclable catalyst for efficient synthesis of cyclic carbonates from epoxides and carbon dioxide. *J Mol Catal A: Chem*, **2007**, 271 (1): 284-289.

[31] Zhou Y, Hu S, Ma X, et al. Synthesis of cyclic carbonates from carbon dioxide and epoxides over betaine-based catalysts. *J Mol Catal A: Chem*, **2008**, 284 (1): 52-57.

[32] Sun J, Ren J, Zhang S, et al. Water as an efficient medium for the synthesis of cyclic carbonate. *Tetrahedron Lett*, **2009**, 50 (4): 423-426.

[33] Peng J, Deng Y. Cycloaddition of carbon dioxide to propylene oxide catalyzed by ionic liquids. *New J Chem*, **2001**, 25 (4): 639-641.

[34] Park D W, Mun N Y, Kim K H, et al. Addition of carbon dioxide to allyl glycidyl ether using ionic liquids catalysts. *Catal Today*, **2006**, 115 (1): 130-133.

[35] Kawanami H, Sasaki A, Matsui K, et al. A rapid and effective synthesis of propylene carbonate using a supercritical CO_2-ionic liquid system. *Chem Commun*, **2003**, (7): 896-897.

[36] Lee E H, Ahn J Y, Dharman M M, et al. Synthesis of cyclic carbonate from vinyl cyclohexene oxide and CO_2 using ionic liquids as catalysts. *Catal Today*, **2008**, 131 (1): 130-134.

[37] Sun J, Zhang S, Cheng W, et al. Hydroxyl-functionalized ionic liquid: A novel efficient catalyst for chemical fixation of CO_2 to cyclic carbonate. *Tetrahedron Lett*, **2008**, 49 (22): 3588-3591.

[38] Goodrich P, Gunaratne H Q N, Jacquemin J, et al. Sustainable cyclic carbonate production, utilizing carbon dioxide and azolate ionic liquids. *ACS Sustain Chem Eng*, **2017**, 5 (7): 5635-5641.

[39] Ema T, Yokoyama M, Watanabe S, et al. Chiral macrocyclic organocatalysts for kinetic resolution of disubstituted epoxides with carbon dioxide. *Org Lett*, **2017**, 19 (15): 4070-4073.

[40] de Pasquale R J. Unusual catalysis with nickel(0) complexes. *J Chem Soc Chem Commun*, **1973**, (5): 157-158.

[41] Schlodder R, Ibers J A, Lenarda M, et al. Structure and mechanism of formation of the metallooxacyclobutane complex bis(triphenylarsine)tetracyanooxiraneplatinum, the product of the reaction between tetracyanooxirane and tetrakis(triphenylarsine)platinum. *J Am Chem Soc*, **1974**, 96 (22): 6893-6900.

[42] Kafafi Z H, Hauge R H, Billups W E, et al. Infrared spectroscopy and photochemistry of iron-ethylene oxide in cryogenic matrixes. The FTIR spectrum of vinyliron hydroxide. *J Am Chem Soc*, **1987**, 109 (16): 4775-4780.

[43] Trost B M, Angle S R. Palladium-mediated vicinal cleavage of allyl epoxides with retention of stereochemistry: A cis hydroxylation equivalent. *J Am Chemi Soc*, **1985**, 107 (21): 6123-6124.

[44] Aye K T, Ferguson G, Lough A J, et al. Coupling of epoxides to Pt^{II}-complexes with carbon dioxide and the structure of a cyclic metallacarbonate. *Angew Chem Int Ed Eng*, **1989**, 28 (6): 767-768.

[45] Aye K T, Gelmini L, Payne N C, et al. Stereochemistry of the oxidative addition of an epoxide to platinum(Ⅱ): Relevance to catalytic reactions of epoxides. *J Am Chem Soc*, **1990**, 112 (6): 2464-2465.

[46] Caló V, Nacci A, Monopoli A, et al. Cyclic carbonate formation from carbon dioxide and oxiranes in tetrabutylammonium halides as solvents and catalysts. *Org Lett*, **2002**, 4 (15): 2561-2563.

[47] Li F, Xia C, Xu L, et al. A novel and effective Ni complex catalyst system for the coupling reactions of carbon dioxide and epoxides. *Chem Commun*, **2003**(16): 2042-2043.

[48] Kim H S, Kim J J, Lee S D, et al. New mechanistic insight into the coupling reactions of CO_2 and epoxides in the presence of zinc complexes. Chem——Eur J, 2003, 9 (3): 678-686.

[49] Kim H S, Kim J J, Lee B G, et al. Isolation of a pyridinium alkoxy ion bridged dimeric zinc complex for the coupling reactions of CO_2 and epoxides. *Angew Chem Intal Ed,* **2000**, 39 (22): 4096-4098.

[50] Kim H S, Bae J Y, Lee J S, et al. Phosphine-bound zinc halide complexes for the coupling reaction of ethylene oxide and carbon dioxide. *J Catal*, **2005**, 232 (1): 80-84.

[51] Kruper W J, Dellar D D. Catalytic formation of cyclic carbonates from epoxides and CO_2 with chromium metalloporphyrinates. *J Org Chem*, **1995**, 60 (3): 725-727.

[52] Ema T, Miyazaki Y, Shimonishi J, et al. Bifunctional porphyrin catalysts for the synthesis of cyclic carbonates from epoxides and CO_2: Structural optimization and mechanistic study. *J Am Chem Soc*, **2014**, 136 (43): 15270-15279.

[53] Maeda C, Mitsuzane M, Ema T. Chiral bifunctional metalloporphyrin catalysts for kinetic resolution of epoxides with carbon dioxide. *Org Lett*, **2019**, 21 (6): 1853-1856.

[54] Paddock R L, Hiyama Y, McKay J M, et al. Co(Ⅲ) porphyrin/DMAP: An efficient catalyst system for the synthesis of cyclic carbonates from CO_2 and epoxides. *Tetrahedron Lett*, **2004**, 45 (9): 2023-2026.

[55] Anjali K, Christopher J, Sakthivel A. Ruthenium-based macromolecules as potential

catalysts in homogeneous and heterogeneous phases for the utilization of carbon dioxide. *ACS Omega*, **2019**, 4 (8): 13454-13464.

[56] Paddock R L, Nguyen S T. Chemical CO_2 fixation: Cr(Ⅲ) salen complexes as highly efficient catalysts for the coupling of CO_2 and epoxides. *J Am Chem Soc*, **2001**, 123 (46): 11498-11499.

[57] Zhang X, Jia Y B, Lu X B, et al. Intramolecularly two-centered cooperation catalysis for the synthesis of cyclic carbonates from CO_2 and epoxides. *Tetrahedron Lett*, **2008**, 49 (46): 6589-6592.

[58] Anderson C E, Vagin S I, Xia W, et al. Cobaltoporphyrin-catalyzed CO_2/Epoxide copolymerization: selectivity control by molecular design. *Macromolecules*, **2012**, 45 (17): 6840-6849.

[59] Jing H, Edulji S K, Gibbs J M, et al. (Salen)tin complexes: syntheses, characterization, crystal structures, and catalytic activity in the formation of propylene carbonate from CO_2 and propylene oxide. *Inorg Chem,* **2004**, 43 (14): 4315-4327.

[60] Shen Y M, Duan W L, Shi M. Chemical fixation of carbon dioxide catalyzed by binaph-thyldiamino Zn, Cu, and Co salen-type complexes. *J Org Chem*, **2003**, 68 (4): 1559-1562.

[61] Chen J, Wu X, Ding H, et al. Tolerant bimetallic macrocyclic [OSSO]-type zinc complexes for efficient CO_2 fixation into cyclic carbonates. *ACS Sustain Chem Eng*, **2021**, 9 (48): 16210-16219.

[62] Francesco D M, Bholanath M, Thomas P, et al. [OSSO]-type iron(Ⅲ) complexes for the low-pressure reaction of carbon dioxide with epoxides: Catalytic activity, reaction kinetics, and computational study. *ACS Catal*, **2018**, 8 (8): 6882-6893.

[63] Paddock R L, Nguyen S T. Chiral (salen)Co iii catalyst for the synthesis of cyclic carbonates. *Chem Commun*, **2004**(14): 1622-1623.

[64] Chen S W, Kawthekar R B, Kim G J. Efficient catalytic synthesis of optically active cyclic carbonates via coupling reaction of epoxides and carbon dioxide. *Tetrahedron Lett*, **2007**, 48 (2): 297-300.

[65] Berkessel A, Brandenburg M. Catalytic asymmetric addition of carbon dioxide to propylene oxide with unprecedented enantioselectivity. *Org Lett*, **2006**, 8 (20): 4401-4404.

[66] Lu X B, Liang B, Zhang Y J, et al. Asymmetric catalysis with CO_2: Direct synthesis of optically active propylene carbonate from racemic epoxides. *J Am Chem Soc*, **2004**, 126 (12): 3732-3733.

[67] Jin L, Huang Y, Jing H, et al. Chiral catalysts for the asymmetric cycloaddition of carbon dioxide with epoxides. *Tetrahedron: Asymmetry*, **2008**, 19 (16): 1947-1953.

[68] Pellissier H, Clavier H. Enantioselective cobalt-catalyzed transformations. *Chem Rev*, **2014**, 114 (5): 2775-2823.

[69] Sibaouih A, Ryan P, Axenov K V, et al. Efficient coupling of CO_2 and epoxides with bis-(phenoxyiminato) cobalt(Ⅲ)/lewis base catalysts. *J Mol Catal, A: Chemical*, **2009**, 312 (1): 87-91.

[70] Lu X B, Feng X J, He R. Catalytic formation of ethylene carbonate from supercritical carbon dioxide/ethylene oxide mixture with tetradentate Schiff-base complexes as catalyst. *Appl Catal A: Gen*, **2002**, 234 (1): 25-33.

[71] Lu X B, Zhang Y J, Liang B, et al. Chemical fixation of carbon dioxide to cyclic carbonates under extremely mild conditions with highly active bifunctional catalysts. *J Mol Catal A: Chemical*, **2004**, 210 (1): 31-34.

[72] Lu X B, He R, Bai C X. Synthesis of ethylene carbonate from supercritical carbon dioxide/ethylene oxide mixture in the presence of bifunctional catalyst. *J Mol Catal A: Chem*, **2002**, 186 (1): 1-11.

[73] Lu X B, Zhang Y J, Jin K, et al. Highly active electrophile-nucleophile catalyst system for the cycloaddition of CO_2 to epoxides at ambient temperature. *J Catal*, **2004**, 227 (2): 537-541.

[74] Walther D, Ruben M, Rau S. Carbon dioxide and metal centres: from reactions inspired by nature to reactions in compressed carbon dioxide as solvent. *Coord Chem Rev*, **1999**, 182 (1): 67-100.

[75] He L N, Yasuda H, Sakakura T. New procedure for recycling homogeneous catalyst: Propylene carbonate synthesis under supercritical CO_2 conditions. *Green Chem*, **2003**, 5 (1): 92-94.

[76] Jiang J L, Gao F, Hua R, et al. $Re(CO)_5Br$-catalyzed coupling of epoxides with CO_2 affording cyclic carbonates under solvent-free conditions. *J Org Chem*, **2005**, 70 (1): 381-383.

[77] Heck R F, Breslow D S. The reaction of cobalt hydrotetracarbonyl with olefins. *J Am Chem Soc*, **1961**, 83 (19): 4023-4027.

[78] Castro-Osma J A, Martínez J, de la Cruz-Martínez F, et al. Development of hydroxy-containing imidazole organocatalysts for CO_2 fixation into cyclic carbonates. *Catal Sci Technol*, **2018**, 8 (7): 1981-1987.

[79] Wu X, Chen C, Guo Z, et al. Metal- and halide-free catalyst for the synthesis of cyclic carbonates from epoxides and carbon dioxide. *ACS Catal*, **2019**, 9 (3): 1895-1906.

[80] Kim Y J, Varma R S. Tetrahaloindate(Ⅲ)-based ionic liquids in the coupling reaction of carbon dioxide and epoxides to generate cyclic carbonates: H-bonding and mechanistic studies. *J Org Chem*, **2005**, 70 (20): 7882-7891.

[81] Guo C H, Liang M, Jiao H. Cycloaddition mechanisms of CO_2 and epoxide catalyzed by salophen—an organocatalyst free from metals and halides. *Catal Sci Technol*, **2021**, 11 (7): 2529-2539.

[82] Guo C H, Wu H S, Zhang X M, et al. A comprehensive theoretical study on the coupling reaction mechanism of propylene oxide with carbon dioxide catalyzed by copper(Ⅰ) cyanomethyl. *J Phys Chem A*, **2009**, 113 (24): 6710-6723.

[83] Guo C H, Song J Y, Jia J, et al. A DFT study on the mechanism of the coupling reaction between chloromethyloxirane and carbon dioxide catalyzed by $Re(CO)_5Br$. *Organometallics*, **2010**, 29 (9): 2069-2079.

[84] Guo C H, Tian L C, Jia J, et al. Theoretical study on the nickel(0)-mediated coupling of carbon dioxide and benzylidenecyclopropane: Mechanism and selectivity. *Comput Theor Chem*, **2014**, 1044: 44-54.

[85] Corey J Y. Reactions of hydrosilanes with transition metal complexes and characterization of the products. *Chem Rev*, **2011**, 111 (2): 863-1071.

[86] Troegel D, Stohrer J. Recent advances and actual challenges in late transition metal catalyzed hydrosilylation of olefins from an industrial point of view. *Coord Chem Rev*, **2011**, 255 (13): 1440-1459.

[87] Itami K, Mitsudo K, Nishino A, et al. Metal-catalyzed hydrosilylation of alkenes and alkynes using dimethyl(pyridyl)silane. *J Org Chem*, **2002**, 67 (8): 2645-2652.

[88] Bart S C, Lobkovsky E, Chirik P J. Preparation and molecular and electronic structures of iron(0) dinitrogen and silane complexes and their application to catalytic hydrogenation and hydrosilation. *J Am Chem Soc*, **2004**, 126 (42): 13794-13807.

[89] Tondreau A M, Atienza C C H, Weller K J, et al. Iron catalysts for selective anti-Markovnikov alkene hydrosilylation using tertiary silanes. *Science*, **2012**, 335 (6068): 567.

[90] Russell S K, Darmon J M, Lobkovsky E, et al. Synthesis of aryl-substituted bis(imino) pyridine iron dinitrogen complexes. *Inorg Chem*, **2010**, 49 (6): 2782-2792.

[91] Naumov R N, Itazaki M, Kamitani M, et al. Selective dehydrogenative silylation-hydrogenation reaction of divinyldisiloxane with hydrosilane catalyzed by an iron complex. *J Am Chem Soc*, **2012**, 134 (2): 804-807.

[92] Wang C, Teo W J, Ge S. Cobalt-catalyzed regiodivergent hydrosilylation of vinylarenes and aliphatic alkenes: Ligand- and silane- dependent regioselectivities. *ACS Catal*, **2017**, 7 (1): 855-863.

[93] Bokka A, Jeon J. Regio- and stereoselective dehydrogenative silylation and hydrosilylation of vinylarenes catalyzed by ruthenium alkylidenes. *Org Lett*, **2016**, 18 (20): 5324-5327.

[94] Truscott B J, Slawin A M Z, Nolan S P. Well-defined NHC-rhodium hydroxide complexes as alkene hydrosilylation and dehydrogenative silylation catalysts. *Dalton Trans*, **2013**, 42 (1): 270-276.

[95] Murai M, Takeshima H, Morita H, et al. Acceleration effects of phosphine ligands on the rhodium- catalyzed dehydrogenative silylation and germylation of unactivated C(sp^3)—H bonds. *J Org Chem*, **2015**, 80 (11): 5407-5414.

[96] Cheng C, Simmons E M, Hartwig J F. Iridium-catalyzed, diastereoselective dehydrogenative silylation of terminal alkenes with (TMSO)$_2$MeSiH. *Angew Chem Int Ed*, **2013**, 52 (34): 8984-8989.

[97] Murai M, Takami K, Takai K. Iridium-catalyzed intermolecular dehydrogenative silylation of polycyclic aromatic compounds without directing groups. *Chem- Eur J*, **2015**, 21 (12): 4566-4570.

[98] Murai M, Takami K, Takeshima H, et al. Iridium-catalyzed dehydrogenative silylation of azulenes based on regioselective C—H bond activation. *Org Lett*, **2015**, 17 (7): 1798-1801.

[99] Naka A, Mihara T, Ishikawa M. Platinum-catalyzed reactions of 3,4-bis(dimethylsilyl)- and

2,3,4,5-tetrakis(dimethylsilyl)thiophene with alkynes and alkenes. *J Organomet Chem*, **2019**, 879: 1-6.

[100] Marciniec B, Kownacka A, Kownacki I, et al. Hydrosilylation vs. dehydrogenative silylation of styrene catalysed by iron(0) carbonyl complexes with multivinylsilicon ligands-Mechanistic implications. *J Organomet Chem*, **2015**, 791: 58-65.

[101] Maciejewski H, Marciniec B, Kownacki I. Catalysis of hydrosilylation: Part XXXIV. High catalytic efficiency of the nickel equivalent of Karstedt catalyst [{Ni(η-CH$_2$=CHSiMe$_2$)$_2$O}$_2$ {μ-(η-CH$_2$=CHSiMe$_2$)$_2$O}]. *J Organomet Chem*, **2000**, 597 (1): 175-181.

[102] Greenhalgh M D, Jones A S, Thomas S P. Iron-catalysed hydrofunctionalisation of alkenes and alkynes. *ChemCatChem*, **2015**, 7 (2): 190-222.

[103] Wei D, Darcel C. Iron catalysis in reduction and hydrometalation reactions. *Chem Rev*, **2019**, 119 (4): 2550-2610.

[104] Du X, Huang Z. Advances in base-metal-catalyzed alkene hydrosilylation. *ACS Catal*, **2017**, 7 (2): 1227-1243.

[105] Sun J, Deng L. Cobalt complex-catalyzed hydrosilylation of alkenes and alkynes. *ACS Catal*, **2016**, 6 (1): 290-300.

[106] Basu D, Gilbert-Wilson R, Gray D L, et al. Fe and Co Complexes of rigidly planar phosphino-quinoline-pyridine ligands for catalytic hydrosilylation and dehydrogenative silylation. *Organometallics*, **2018**, 37 (16): 2760-2768.

[107] Ai W, Zhong R, Liu X, et al. Hydride transfer reactions catalyzed by cobalt complexes. *Chem Rev*, **2019**, 119 (4): 2876-2953.

[108] Liu Y, Deng L. Mode of activation of cobalt(II) amides for catalytic hydrosilylation of alkenes with tertiary silanes. *J Am Chem Soc*, **2017**, 139 (5): 1798-1801.

[109] Atienza C C H, Diao T, Weller K J, et al. Bis(imino)pyridine cobalt-catalyzed dehydrogenative silylation of alkenes: Scope, mechanism, and origins of selective allylsilane formation. *J Am Chem Soc*, **2014**, 136 (34): 12108-12118.

[110] 赵艳, 郭彩红, 武海顺. 几类过渡金属配合物催化的烯烃硅氢化反应机理. 化学进展, **2014**, 26 (02): 345-357.

[111] 秦晓飞, 刘晓燕, 郭彩红, 等. 第Ⅷ族过渡金属配合物催化羰基化合物硅氢化的反应机理. 有机化学, **2015**, 36(1): 60-71.

[112] Sakaki S, Mizoe N, Sugimoto M. Theoretical study of platinum(0)-catalyzed hydrosilylation of ethylene. Chalk-Harrod mechanism or modified Chalk-Harrod mechanism. *Organometallics*, **1998**, 17 (12): 2510-2523.

[113] Sakaki S, Sumimoto M, Fukuhara M, et al. Why does the rhodium-catalyzed hydrosilylation of alkenes take place through a modified Chalk-Harrod mechanism? A theoretical study. *Organometallics*, **2002**, 21 (18): 3788-3802.

[114] Glaser P B, Tilley T D. Catalytic hydrosilylation of alkenes by a ruthenium silylene complex. evidence for a new hydrosilylation mechanism. *J Am Chem Soc*, **2003**, 125 (45): 13640-13641.

[115] Beddie C, Hall M B. Do B3LYP and CCSD(T) predict different hydrosilylation

mechanisms? Influences of theoretical methods and basis sets on relative energies in ruthenium-silylene-catalyzed ethylene hydrosilylation. *J Phys Chem A*, **2006**, 110 (4): 1416-1425.

[116] Sakaki S, Takayama T, Sumimoto M, et al. Theoretical study of the Cp$_2$Zr-catalyzed hydrosilylation of ethylene. Reaction mechanism including new σ-bond activation. *J Am Chem Soc*, **2004**, 126 (10): 3332-3348.

[117] Elsby M R, Baker R T. Strategies and mechanisms of metal-ligand cooperativity in first-row transition metal complex catalysts. *Chem Soc Rev*, **2020**, 49 (24): 8933-8987.

[118] Guo C H, Wu H S, Hapke M, et al. Theoretical studies on acetylene cyclotrimerization into benzene catalyzed by CpIr fragment. *J Organomet Chem*, **2013**, 748: 29-35.

[119] Davies D L, Macgregor S A, McMullin C L. Computational studies of carboxylate-assisted C—H activation and functionalization at group 8-10 transition metal centers. *Chem Rev*, **2017**, 117 (13): 8649-8709.

[120] Vogiatzis K D, Polynski M V, Kirkland J K, et al. Computational approach to molecular catalysis by 3d transition metals: Challenges and opportunities. *Chem Rev*, **2019**, 119 (4): 2453-2523.

[121] Bonney K J, Schoenebeck F. Experiment and computation: A combined approach to study the reactivity of palladium complexes in oxidation states 0 to Ⅳ. *Chem Soc Rev*, **2014**, 43 (18): 6609-6638.

[122] Sperger T, Sanhueza I A, Kalvet I, et al. Computational studies of synthetically relevant homogeneous organometallic catalysis involving Ni, Pd, Ir, and Rh: An overview of commonly employed DFT methods and mechanistic insights. *Chem Rev*, **2015**, 115 (17): 9532-9586.

[123] Tsang A S K, Sanhueza I A, Schoenebeck F. Combining experimental and computational studies to understand and predict reactivities of relevance to homogeneous catalysis. *Chem——Eur J*, **2014**, 20 (50): 16432-16441.

[124] Torrent M, Solà M, Frenking G. Theoretical studies of some transition-metal-mediated reactions of industrial and synthetic importance. *Chem Rev*, **2000**, 100 (2): 439-494.

第 2 章

理论基础和计算方法

2.1 概述

量子化学是理论化学的一个分支学科，是应用量子力学基本原理和方法研究化学问题的一门基础学科。1927 年 W. H. Heitler 和 F. W. London 用量子力学方法研究了氢分子的结构，阐明了两个氢原子能够结合成一个稳定氢分子的原因，标志着量子化学计算的开始。20 世纪 20 年代末以来，从 L. C. Pauling 提出的价键理论，到 R. S. Mulliken 等建立的分子轨道理论，R. B. Woofward 和 R. Hoffman 的分子轨道对称性守恒原理，K. Fukui 的前线轨道理论，W. Kohn 的密度泛函理论和 J. A. Pople 的量子化学计算方法及模型化学，量子力学与化学相结合对化学键理论的发展和物质结构的认识都起到了十分重要的作用。量子化学主要研究原子、分子和晶体的电子结构，化学键性质，分子间相互作用力，化学反应，各种光谱、波谱和电子能谱的理论，以及无机和有机化合物、生物大分子与各种功能材料的结构与性能关系等，在生物、材料、能源、环境、化工生产以及激光技术等多个领域中得到了广泛应用。

20 世纪 60 年代之后，随着许多量子化学计算方法的研究和发展，计算精度得到了提高，化学研究结束了只通过单独的实验研究的时代。量子化学理论和计算的丰硕成果被认为正在引起整个化学的革命。量子化学广泛应用于各化学分支学科，不仅可以用于解释实验结果及原理，还可以预测有机物质的稳定结构、过渡态和反应途径，计算反应能垒、反应速率以及分子轨道分布，解释分子光谱等。量子化学的主要研究工具是计算机,计算机技术的快速发展大幅提高了量子化学计算精度。因此,如今的化学研究已经处于理论计算与实验研究相结合的全新科学研究模式。随着理论方法的蓬勃发展和计算机技术的迅速进步,量子化学计算方法所计算的体系越来越大,计算的精度也越来越高。对小的分子体系,可以进行精确的结构优化,并可在理论上预测反应的势垒、振动频率等参数。对于大的分子体系,一些研究者发展了量子化学方法、半经验方法与分子力学方法形成的组合方法。目前量子化学已经发展成为化学以及其他交叉学科预测和解释分子结构和化学行为、化学系统的各种现象和性质的通用手段之一[1]。

量子化学计算的理论依据是薛定谔(Schrödinger)方程。原则上,Schrödinger方程的求解可以获得对分子这样的多电子体系中电子结构和相互作用的全面描述。然而,由于数学处理的复杂性,在实践中需发展和运用量子力学的近似方法。本章主要介绍与本书相关的从头计算方法、密度泛函理论、Gaussian软件等。

2.2 从头计算方法

从头计算方法 (*ab initio*) [1-4],即进行全电子体系非相对论的量子力学计算。它是在分子轨道理论基础上发展起来的,求解体系的 Schrödinger 方程时,仅引入了物理模型的三个基本近似,即非相对论近似、Born-Oppenheimer 近似和单电子近似,采用几个最基本的物理量,如光速 c、普朗克常数 h、基本电荷 e、电子质量 m 等,对分子的全部积分严格进行计算,不借助任何经验或半经验参数,计算结果能达到相当高的准确度。

2.2.1 薛定谔方程与三个基本近似

多体理论是量子化学的核心问题。n 个粒子构成的量子体系的性质原则上可通过 n 粒子体系的薛定谔方程来描述,若要确定多粒子体系某状态的电子结构,需要在非相对论近似下,求解定态 Schrödinger 方程,见式(2-1)。

$$\left(-\sum_p \frac{1}{2M_p}\nabla_p^2 - \sum_i \frac{1}{2}\nabla_i^2 + \sum_{p<q}\frac{Z_p Z_q}{R_{pq}} + \sum_{i<j}\frac{1}{r_{ij}} - \sum_{p,i}\frac{Z_p}{r_{pi}}\right)\Psi = E_\mathrm{T}\Psi \quad (2-1)$$

由于组成分子体系的原子核的质量比电子大 $10^3 \sim 10^5$ 倍,因而分子中电子运动速度比原子核快得多,当核间发生任一微小运动时,迅速运动的电子都能立刻进行调整,建立与变化后的核力场相对应的运动状态,即在任一确定的核排布下,电子都有相应的运动状态。据此[5],Born 和 Oppenheimer 对分子体系的定态 Schrödinger 方程式（2-1）进行处理，将分子中核的运动与电子运动分离开来，把电子运动与原子核运动之间的相互影响作为微扰，从而得到在某固定核位置时体系的电子运动方程：

$$\left(-\frac{1}{2}\sum_i \nabla_i^2 + \sum_{p<q}\frac{Z_p Z_q}{R_{pq}} + \sum_{i<j}\frac{1}{r_{ij}} - \sum_{p,i}\frac{Z_p}{r_{pi}}\right)\Psi^{(e)} = E^{(e)}\Psi^{(e)} \tag{2-2}$$

式中，$E^{(e)}$ 既是核固定时体系的电子能量，又是核运动方程中的势能，亦被称为势能面。式（2-2）即为量子化学各种计算方法所求解的方程。

对于多电子体系，由于电子运动之间的耦合使电子运动方程难以得到精确解，采用单电子近似，即假设每个电子都在其他电子和核的平均作用势场中独立地运动，其运动状态用单电子函数描述，求解每个电子的单电子运动方程，得到单电子波函数和总能量。

2.2.2 从头计算方法的原理

Hartree 和 Fock 等将定态 Schrödinger 方程中电子运动和核运动分开处理，把多电子问题分解成为若干单电子问题，得到了 Hartree-Fock 方程：

$$\hat{H}\Psi_i = \varepsilon\Psi_1 \tag{2-3}$$

式中，Ψ_i 为单电子的分子轨道，Hartree-Fock 的工作在于对 Schrödinger 方程求解时引入自洽场方法，对分子轨道进行迭代计算。由于每次迭代均要改变分子轨道，需要大量的函数积分进行计算，给求解带来极大困难。在用 Hartree-Fock 方程处理原子结构的基础上，Roothaan 提出，将分子轨道按某个完全基函数集合（基组）展开，用有限展开项，按照一定精度要求逼近分子轨道。这样，对分子轨道的变分就转化为对展开系数的变分，Hartree-Fock 方程就从一组非线性的积分-微分方程转化为一组数目有限的代数方程：Hartree-Fock-Roothaan（HFR）方程，只需迭代求解分子轨道的组合系数。其大体步骤[2]如下：

① 给定体系的物理参数，如分子中各种原子的坐标、电子数、多重度等，选定基函数；

② 计算重叠积分 S，Hamilton 矩阵 $\hat{H}$ 和双电子积分 $(\mu\nu|\lambda\sigma)$，假定起始密度矩阵 $P^{(0)}$；

③ 构造 Fock 矩阵 F，计算 $S^{-1/2}$ 矩阵；

④ 计算 $F^\tau = (S^{-1/2})^T F(S^{-1/2})$；

⑤ 求解方程 $F^\tau C^\tau = C^\tau \varepsilon$，得到本征值 ε 和本征矢 C^τ；

⑥ 计算 $C = S^{-1/2} C^\tau$；

⑦ 计算密度矩阵 P 和总能量 E；

⑧ 判断 P 或者 E 是否达到自洽标准，是则进行下一步，否则重复步骤 ③～⑧；

⑨ 计算所需的各种物理量；

⑩ 输出计算结果。

从头计算法在求解 HFR 方程的过程中，原则上，只要合适地选择基函数，自洽迭代次数足够多，就可以得到接近自洽场极限的精确解。因此，它在理论和方法上都是比较严格的，常优于半经验的计算方法，迄今被认为是理论上最严格的量子化学计算方法。在 Hartree-Fock（HF）自洽场方法中考虑了粒子之间时间平均的相互作用，但没有考虑电子之间的瞬时相关，计算分子的性质时，精度不够高，得到的解不够理想。

2.2.3 电子相关方法

电子相关能一般用 P. O. Löwdin 的定义[6]：指定一个 Hamilton 量的某个本征态的电子相关能，是该 Hamilton 量的该状态的精确本征值和它的限制的 HF 极限期望值之差。相关能反映了独立粒子模型的偏差，Hamilton 算符的精确度等级不同，相关能也不同。与体系的总能量相比，电子相关能仅占 0.3%~1%，而对于电子激发、反应途径（势能面）、分子离解等化学过程，由于过程的能量变化（反应热或活化能）与相关能的数值具有相同的数量级，所以必须考虑电子相关能。

为了对电子瞬时 Coulobm 相关效应进行校正，人们发展了后自洽场（Post-SCF）方法，使得计算精度提高。后自洽场方法主要包括组态相互作用理论（CI）、耦合簇理论（CC）和微扰理论（MP）等。

组态相互作用（CI）[7-12]是最早提出的计算电子相关能的方法之一。从一组在 Fock 空间完备的单电子基函数 $\varphi_k(x)$ 出发，可构造出一个完备的行列式函数集合 Φ_k，如式（2-4）所示，任何多电子波函数都可以用它来展开。

$$\Phi_k = (N!)^{-1/2} \det[\varphi_{k1}(x_1)\varphi_{k2}(x_2)\cdots\varphi_{kN}(x_N)] \tag{2-4}$$

通常将 $\varphi_k(x)$ 称为轨道空间，Φ_k 称为组态空间。在组态相互作用（CI）方法中，将按单电子激发、双电子激发等多电子波函数近似展开为有限个行列式波函数的线性组合（CI 展开）：

$$\Psi = \sum_{s=0}^{M} C_s \Phi_s = \Phi_0 + \sum_{a}\sum_{i} C_i^a \Phi_i^a + \sum_{a,b}\sum_{i,j} C_{ij}^{ab} \Phi_{ij}^{ab} + \sum_{a,b,c}\sum_{i,j,k} C_{ijk}^{abc} \Phi_{ijk}^{abc} + \cdots \tag{2-5}$$

式中，Φ_s 为组态函数，简称组态；C_s 是一种行列式函数，为提高计算效率，一般让它满足一定的对称性条件，如自旋匹配条件、对称匹配条件等。完全的 CI 计算能给出精确的能量上界，而且计算出的能量具有广延量的性质，即"大小一致性"。但是，由于 CI 展开式收敛慢且考虑多电子激发时组态数增加很快，通常只能考虑有限的激发，如 CISD 方法只考虑了单、双激发，这种截断的 CI 计算不具有大小一致性。QCI（quadratic configuration interaction）方法[13]在 CI 方程中引入新的二次项而使非完全 CI 计算大小一致。QCISD(T)方法是在 QCISD 方法的基础上，再采用微扰的方法考虑三激发。与 CID 和 CISD 方法相比，QCID、QCISD 和 QCISD(T)[14,15]方法不仅避免了大小不一致性，还包含了更高级别的电子相关能。

CI 展开式［式（2-5）］中只是把组态函数作为基组，机械地将基组按激发等级分类作为展开的基矢，没有考察它与电子相关效应的联系。CC（coupled cluster）[16]方法则从电子相关的角度，引入了指数相关算符 T，将波函数展开为：

$$|\Psi\rangle = e^T |\phi_0\rangle \tag{2-6}$$

$$T = T_1 + T_2 + T_3 + \cdots + T_N \tag{2-7}$$

式中，T_1、T_2、T_3 分别代表单体、二体、三体的相连相关簇算符；N 为电子数。依据 T_1、T_2、T_3 等的具体表示，对式（2-6）展开并将相同电子数激发的组态合并，然后与多电子波函数展开式［式（2-5）］按激发算子 C_k 改写形式 $|\Psi\rangle = \sum_{K=0}^{N} C_K |\phi_0\rangle$ 比较，选择中间归一化，即 $C_0 = 1$，可以得出

$$C_1 = T_1$$
$$C_2 = T_2 + 1/2\, T_1^2$$
$$C_3 = T_3 + T_1 T_2 + 1/3\, T_1^3$$
$$C_4 = T_4 + 1/2\, T_2^2 + T_1 T_3 + 1/4!\, T_1^4$$
$$\cdots\cdots \tag{2-8}$$

由式（2-8）得出，某一激发等级的组态函数应该区分为不同相关类型的相关簇成分，可能来源于相连相关簇和几个非相连相关簇的乘积。相连相关簇表示多个电子确实直接相关，同时"碰"在一起；非相连相关簇表示分别在空间不同区域同时发生的几个较小的电子簇相关。显然，相连相关发生的概率较小，而非相连相关发生的概率较大，因此对于多电子相关，非相连相关部分不能忽略。可以证明 CC 方法对多电子波函数无论在哪一级截断，都具有大小一致性。即使二体以下直接相关，令 $T_1 = T_2$（CCD[17]）或令 $T_1 = T_1 + T_2$（CCSD[18-20]），组态中也仍然保留了非相连相关簇对高激发项的贡献，且保持大小一致性。

在 Møller-Plesset（MP）微扰理论中，电子间的相关作用被看成是所有单

电子 Hamilton 算符加和的微扰[1]。设哈密顿算符表示为：

$$\hat{H}_\lambda = \hat{H}_0 + \lambda \hat{V} \quad (2\text{-}9)$$

由微扰理论，零级微扰哈密顿 H_0 取单电子 Fock 算符的和。本征值 E_s 对应占据轨道单电子能量 ε_i 之和，即 $E_s = \sum_i^{占据} \varepsilon_i$。

$\hat{H}_\lambda$ 的本征函数和本征值可展开成的幂函数为：

$$\Psi_\lambda = \Psi^{(0)} + \lambda \Psi^{(1)} + \lambda^2 \Psi^{(2)} + \cdots \quad (2\text{-}10)$$

$$E_\lambda = E^{(0)} + \lambda E^{(1)} + \lambda^2 E^{(2)} + \cdots \quad (2\text{-}11)$$

在实际应用中，如果只取前两项，则该方法称二级微扰 MP2[21]方法。同样，可以得到三级 MP3[22]、四级 MP4[23]和五级 MP5[24]微扰方法。其中，在密度泛函方法得到广泛应用之前，MP2 方法是考虑电子相关最便宜的方法。MP3 对于 MP2 处理不好的体系一般也没有好的结果，MP4 能得到很精确的结果，但是 MP4 比 MP2 昂贵很多。

2.3 密度泛函理论

密度泛函理论（density function theory，DFT）是一种研究多电子体系电子结构的量子力学方法，通过体系的电子密度分布确定体系的各种性质，不论体系包含多少电子，电子密度都只是 X、Y、Z 三个变量的函数。密度泛函理论是在化学和凝聚态物理领域计算多电子体系的电子结构及其性质的有力工具。W. Kohn 因提出 DFT 的开创性工作，与 J. A. Pople 共同获得 1998 年诺贝尔化学奖。之后，DFT 在计算化学领域的应用极为广泛。

根据量子力学规律，体系的性质由其状态波函数确定。对于 N 电子体系（电子数目为 N），N 电子波函数依赖于 $3N$ 个空间变量及其 N 个自旋变量共 $4N$ 个变量，通过求解 N 电子波函数来计算体系的性质将随着电子数的增大其计算变得越来越困难，甚至无法实现。为找到其他描述体系的变量，达到简化计算的目的，从波函数形式的量子力学理论出发，以电子密度为变量，Thomas[25]和 Fermi[26]提出了原子的电子气模型（Thomas-Fermi model，TFM），将能量表示为密度的泛函。TFM 虽然是一个很粗糙的模型，但是它的意义非常重要，因为它将电子动能第一次明确地以电子密度形式表示。真正的密度泛函是在 Hohenberg-Kohn 定理基础上发展起来的。

与 Hartree-Fock 方法相比，密度泛函理论已经包涵了电子的交换和相关效应，计算精度优于前者。另外，密度泛函理论还融入了统计的思想，不用求解每个电子的行为，只需求解总的电子密度，因而计算量大减，与 Hartree-Fock 水平相当，即与 N^3 成正比，可适用于中等大小的体系。

2.3.1 Hohenberg-Kohn 定理

密度泛函理论是建立在 Hohenberg 和 Kohn[27]的关于非均匀电子气理论基础上的，后来被 Levy 进行了推广[28]。可以将其归结为两个基本定理：

定理一：不计自旋的全同费米子系统的基态能量是粒子数密度函数 $\rho(r)$ 的唯一泛函。之所以称为"泛函"是因为标量 E_0 是 $\rho(r)$ 的函数。粒子数密度函数 $\rho(r)$ 是一个决定系统基态物理性质的基本变量。多粒子系统的所有基态性质，如能量、波函数及所有算符的期望值等，都是密度函数的唯一泛函，都由密度泛函唯一确定。

定理二：能量泛函 $E[\rho]$ 在粒子数不变条件下对真实粒子数的密度函数 $\rho(r)$ 取极小值，并等于基态能量。

上述定理一说明粒子数密度函数是确定多粒子系统基态物理性质的基本变量，定理二说明能量泛函对粒子数密度函数的变分是确定系统基态能量的途径。

2.3.2 Kohn-Sham 方程

DFT 方法中分子体系的基态总能量 E 的表示式为：

$$E[\rho] = E_T[\rho] + E_V[\rho] + E_J[\rho] + E_X[\rho] + E_C[\rho] \tag{2-12}$$

式中，E_T 为电子动能；E_V 为电子与原子核的吸引势能；E_J 为库仑作用能；E_X 为交换能；E_C 为相关能。E_V 和 E_J 代表经典的库仑相互作用，为直接项；而 E_T、E_X 和 E_C 不是直接的，为 DFT 方法中设计泛函的基本问题。基于 Hohenberg-Kohn 定理，1965 年 Kohn 和 Sham[29]在构造 E_T、E_{XC} 泛函方面取得了重大进展，并推导出了一组用于确定电子基态密度的自洽方程式，即 Kohn-Sham（KS）方程，该方程的求解与 HF 方程相同，也采用自洽计算方法。Kohn-Sham 方程的核心是用无相互作用的粒子模型代替有相互作用粒子哈密顿量中的相应项，而将有相互作用粒子的全部复杂性归入交换关联能中。

用 KS 方程计算分子体系的基态能量 E 时，电子密度的分布函数表示为：

$$\rho[r] = \sum_\sigma \rho_\sigma \sum_{i=1}^{N_\sigma} \rho_{i\sigma} = \sum_\sigma \sum_{i=1}^{N_\sigma} |\varphi_{i\sigma}(r)|^2 \tag{2-13}$$

式中，σ 代表 α 或 β 自旋；N_σ 为 α 或 β 电子数。在式（2-12）中，$E_T[\rho]$、$E_V[\rho]$、$E_J[\rho]$、$E_X[\rho]$ 和 $E_C[\rho]$ 分别具有如下意义，

非相关电子的动能：

$$E_T[\rho] = \sum_{\sigma=\alpha,\beta} \sum_{i=1}^{N_\sigma} \left\langle \varphi_{i\sigma} \left| -\frac{1}{2}\nabla^2 \right| \varphi_{i\sigma} \right\rangle \tag{2-14}$$

核与电子的吸引能用外部势表示为：

$$E_V[\rho] = \int dr \rho(r) v(r) \tag{2-15}$$

库仑作用能：

$$E_J = -\frac{1}{2} \int dr dr' \frac{\rho(r)\rho(r')}{|r-r'|} \tag{2-16}$$

交换相关能 $E_{XC}[\rho]$：

$$E_{XC}[\rho] = E_X[\rho] + E_C[\rho] = \int f[\rho_\alpha(\vec{r}), \rho_\beta(\vec{r}), \nabla\rho_\alpha(\vec{r}), \nabla\rho_\beta(\vec{r})] d^3\vec{r} \tag{2-17}$$

式中 ρ_α、ρ_β 分别为 α、β 自旋密度。

2.3.3 交换相关能泛函

最简单的近似处理交换相关能的方法是局域密度近似（LDA）[30,31]。在局域密度近似中，假定电子的密度在原子尺度范围的变化是非常缓慢的，也就是整个分子或固体区域如同一个均匀的电子气体系统。其总的交换相关能可以通过对均匀电子气的积分得到，即

$$E_{XC}[\rho] \approx \int \varepsilon_{XC}[\rho] \rho(\vec{r}) d\vec{r} \tag{2-18}$$

在 Gaussian 软件中，常用到的局域密度关联函数有 VWN[32]、PWC[33]等。由于 LDA 是建立在理想的均匀电子气模型基础上的，而实际原子或分子体系的电子密度是非均匀的，所以通常采用 LDA 近似计算得到的原子或分子的化学性质往往不能满足研究的要求。对 LDA 的进一步改进，就需要考虑电子密度的非均匀性，这一般通过在交换相关能泛函中引入电子密度的梯度 $d(\rho)/dr$ 来完成，即构造广义梯度近似（GGA）泛函。1988 年 Becke[34]提出的交换能函数的具体形式为：

$$E_X^{B88} = E_X^{LDA} - \beta \sum_\sigma \int \rho_\sigma^{4/3} \frac{x_\sigma^2}{1 + 6\beta x_\sigma \sinh^{-1} x_\sigma} d^3r \tag{2-19}$$

式中，$x_\sigma = \rho_\sigma^{-4/3} |\nabla \rho_\sigma|$，称为约化梯度，是一个无量纲的量，$\beta = 0.0042$ a.u.。

一个常用的相关能函数 LYP[35]是 Lee、Yang 和 Parr 在 1988 年提出的，其具体形式为：

$$E_C^{LYP}[\rho] = -a\rho \frac{1}{1+d\rho^{-1/3}} - ab\rho^{-2/3} \left[C_F \rho^{-2/3} - 2t_W + \frac{1}{9}\left(t_W + \frac{1}{2}\nabla^2 \rho\right) \right] \exp(-c\rho^{-1/3}) \tag{2-20}$$

式中，a、b、c、d 是拟合 He 原子得到的参数：$a = 0.04918$，$b = 0.312$，$c = 0.2533$，$d = 0.349$；$C_F = \frac{3}{10}(3\pi^2) \times \frac{2}{3}$；$t_W$ 是定域 Weizsacker 动能密度：

$$t_W = \frac{1}{8}\left(\frac{|\nabla\rho|^2}{\rho} - \nabla^2\rho\right)。$$

与局域密度近似（LDA）相比较，广义梯度近似（GGA）大大提高了原子的交换能和相关能的计算精度。在我们常用的计算软件如 Gaussian、ADF、VASP、CASTEP 等中，常见的 GGA 交换关联泛函有 PW91[36]、PBE[37]等。

目前常用的交换相关能泛函是把 Hartree-Fock 交换能与近似交换相关能密度泛函按一定的比例混合，称为杂化泛函。属于这一类的有 Becke 三参数杂化泛函、Becke 单参数杂化泛函、两者各半泛函等。

其中 Becke 三参数杂化泛函的具体形式为：

$$E_{XC} = E_{XC}^{LDA} + a_0(E_X^{HF} - E_X^{LDA}) + a_X \Delta E_X^{B88} + a_C \Delta E_C^{non\text{-}local} \tag{2-21}$$

在 Gaussian 09 中，B3LYP 的具体形式为[38]：

$$E_{XC}^{B3LYP} = AE_X^{slater} + (1-A)E_X^{HF} + BE_X^{Becke} + E_C^{VWN} + C\Delta E_C^{LYP} \tag{2-22}$$

式中，常数 A、B、C 是通过拟合 G1 分子组得到的。B3LYP 使用 LYP 表达式提供的非局域关联，局域关联使用 VWN 泛函Ⅲ。注意，由于 LYP 包含局域和非局域项，实际上使用的关联泛函是：$C\Delta E_C^{LYP} + (1-C)E_C^{VWN}$。

实践中杂化泛函 B3LYP 最为常用[39]。此外，B3PW91 也较好，是由 Beck 等提出的交换泛函和 Perdew/Wang91 提供的非局域关联泛函组合而成的。

DFT 方法由于比 HF 方法具有相对较高的计算精度和比从头计算 post-HF 方法快得多的计算速度，受到广泛青睐，DFT 方法已被广泛应用于计算化学的各个领域，尤其是用于研究各种团簇体系、化学反应体系及表面反应等。但 DFT 方法本身尚存在一些限制。由于无法从理论上确定精确的交换-相关作用函数（XC）形式，各种含经验参数的 XC 函数尚在不断发展之中。还应该注意的是，DFT 方法对某些体系相对能量的计算结果有时并不可靠。因此，在继续发展完善 DFT 方法的过程中，核心的问题是构建具有普适性、非经验性的 XC 函数，或通过大量模型化合物优化确定能量泛函中的参数，为中等和较大体系提供满足化学和物理精度要求的计算结果。

需要指出的是，很多传统的交换相关泛函不能描述色散作用，如 B3LYP，而常见的 PBE、PW91 对色散作用描述也极差。解决这些泛函对色散作用的描述最有效的方法就是引入经验的色散校正项。曾提出过不同的色散校正方法，其中最成功、也是目前最为流行和最便宜的是 Grimme 提出的 DFT-D 泛函[40-43]，其中 DFT-D3[42]整体精度最好，支持元素（从 H 到 Pu）更多，对几乎所有主流泛函都提供了参数，而且几乎不令计算耗时有任何增加，实现也很容易。DFT-D3 有两个版本，差异在于阻尼函数形式。阻尼函数用来调节色散校正在近程、中程距离时的行为，以避免重复计算问题。DFT-D3 原文档中用的是零阻尼（zero-damping）形式，这也是通常说的 DFT-D3。Becke-Johnson 阻尼（BJ-damping）可以让结果稍微更好点，对分子内色散作用的描述优势更显著些，这种校正形式通常被称为 DFT-D3(BJ)[44]。目前多数文章中在使用 DFT-D3 校正时并不做显著区分，虽然写的是 DFT-D3 但实际上可能用的是 DFT-D3(BJ)[45]。

2.4　过渡态理论简介

过渡态理论（transition-state theory, TST）是 1935 年由 H. Eyring[46,47]、M. Polanyi[48]在统计力学和量子力学的基础上提出来的，该理论又称为活化络合物理论或绝对反应速率理论。过渡态理论认为：反应物分子不仅仅是通过相互之间的简单碰撞直接形成产物的，多数情况下需要经过一个能级较高的过渡态，然后才能转化为产物。过渡态是以一定的构型存在的反应物分子，是反应路径中的能量最高点，达到这个点需要一定的活化能。

对于基元反应 A + BC → AB + C，其实际过程是：A + BC $\underset{慢}{\overset{快}{\rightleftharpoons}}$ [A⋯B⋯C] → AB + C。在反应过程中，B-C 键逐渐断裂的同时，A-B 键逐渐形成，络合物 [A⋯B⋯C] 即为过渡态，又称为活化络合物。过渡态是高能量的不稳定状态。一般而言，反应在室温下发生的条件是势垒小于 21 kcal/mol❶。每个基元反应都包括三个状态：初始反应物状态、过渡态和最终产物状态，而过渡态（TS）和初始反应物之间的能量差 $\Delta G^{\neq}$ 则为该步骤的活化能。瑞典的阿伦尼乌斯经过大量研究，总结出阿伦尼乌斯公式（Arrhenius equation），一个反应速率常数与温度变化关系的经验公式：

$$k = \frac{k_B T}{h} \exp\left(-\frac{\Delta G^{\neq}}{RT}\right) \tag{2-23}$$

式中，k 为反应速率常数；k_B 为玻尔兹曼常数；h 为普朗克常数；R 为气体常数；T 为热力学温度。

过渡态的确定对了解反应机理、估算反应速率都有很大的帮助。从原理上讲，只要知道过渡态的结构，就可以运用光谱数据以及统计力学的方法，计算化学反应的动力学，如反应速率常数 k 等[49]。

---

❶ 1 kcal = 4.184 kJ。——编者注

2.5 势能面概述

势能面（potential energy surface，PES）的概念是在研究 Born-Oppenheimer（BO）近似（又称绝热近似）时第一次提出的，它的研究对了解化学反应的微观途径是极其重要的。在 BO 近似的条件下，分子的能量就是核坐标的函数，有规律地改变核坐标所引起的能量变化就组成了势能面。势能面可以由量子化学计算得到，但计算量极大，超过三个变量就很难再用三维图像表达。因此，通常只对过渡态附近的反应坐标做二维等面或三维立体图。

2.5.1 势能面上临界点的几何性质

一般来讲，由 N 个原子构成的反应体系的势能面将与 $3N-6$（对于直线体系为 $3N-5$）个独立变量有关，即 $E(q_1, q_2, \ldots, q_{3N-6})$。反应物、生成物和过渡态均是此 $3N-6$ 维构型空间中超曲面上的极值点，在极值点处能量梯度满足条件：$\partial E/\partial q_i = 0\ (i=1, 2, \cdots, 3N-6)$。

为了描述这些极值点，还需要该点附近的曲面曲率信息，必须进一步做出势能的二级微商，$\partial^2 E/\partial q_i \partial q_j$。一般情形下，这些量构成 $3N-6$ 维的矩阵 $\boldsymbol{H}$，称之为 Hessan 矩阵。

$$\boldsymbol{H} = \begin{bmatrix} \dfrac{\partial^2 E}{\partial^2 q_1} & \dfrac{\partial^2 E}{\partial^2 q_1 q_2} & \cdots & \dfrac{\partial^2 E}{\partial^2 q_1 q_{3N-6}} \\ \dfrac{\partial^2 E}{\partial^2 q_2 q_1} & \dfrac{\partial^2 E}{\partial^2 q_2^2} & \cdots & \dfrac{\partial^2 E}{\partial^2 q_2 q_{3N-6}} \\ \vdots & \vdots & \vdots & \vdots \\ \dfrac{\partial^2 E}{\partial^2 q_{3N-6} q_1} & \dfrac{\partial^2 E}{\partial^2 q_{3N-6} q_2} & \cdots & \dfrac{\partial^2 E}{\partial^2 q_{3N-6}^2} \end{bmatrix} \quad (2\text{-}24)$$

通过质量权重简正坐标的正交变换可以使 Hessan 矩阵对角化，求出其全部本征值并得到相应的简正坐标集 $Q_i\ (i=1, 2, \cdots, 3N-6)$。Hessan 矩阵的本征值 $\partial^2 E/\partial Q_i^2$ 对应体系简正振动的力常数 f_{ii}。对于势能面上极小区，在简正坐标系统中应满足条件：$\partial^2 E/\partial Q_i^2 > 0\ (i=1, 2, \cdots, 3N-6)$，即所有力常数都为正值，从该点出发做任一小位移都将导致体系能量升高。因此该区与稳定体系构型相对应。

若势能面上的临界点处有唯一的一个负本征值，即：$\partial^2 E/\partial Q_i^2 < 0$，$\partial^2 E/\partial Q_j^2 > 0$（$j=1, 2, \cdots, 3N-6; i \neq j$），则此一级临界点为"鞍点"，其几何构型具有反应过渡态的特征。该负本征值对应于体系"虚"正则振动频率 v_j。此负本征值对应的本征向量决定了反应体系越过鞍点反应途径的方向与对称性。由于势能面上更高级临界点对于反应机理的分析与动力学不十分重要，这里忽略。对于势能面上的极大区，全部力常数取负值，体系将回避处于该处，故势能面上的极大区不如极小区和鞍点等处那么重要。

2.5.2 势能面的相交和不相交原理

对于大多数绝热的化学反应，原子核运动的范围只局限在一个绝热势能面上。当出现电子态的简并，就会使运动的原子核在不同势能面之间跃迁，即发生非绝热跃迁。如果发生非绝热跃迁的同时，跃迁处势能面之间的能隙足够小，就会出现势能面相交的情况。

1929 年 J. von Neumann 和 E. Wiger 首次提出了势能面相交与不相交规则[50]，即具有相同自旋多重度和空间对称性的势能面曲线不能相交，而具有不同自旋多重度或不同空间对称性的势能面曲线是可以相交的。假设两个态的波函数分别为 ψ_a 和 ψ_b，体系的哈密顿（Hamilton）算符为 H，则这样的两态模型构成 2×2 哈密顿矩阵：

$$\begin{Bmatrix} H_{aa} & H_{ab} \\ H_{ba} & H_{bb} \end{Bmatrix}$$

其四个矩阵元包括两个对角元 $H_{aa} = \langle \psi_a | \hat{H} | \psi_a \rangle$，$H_{bb} = \langle \psi_b | \hat{H} | \psi_b \rangle$，以及两个等价的耦合矩阵元 $H_{ab} = \langle \psi_a | \hat{H} | \psi_b \rangle = H_{ba} = \langle \psi_b | \hat{H} | \psi_a \rangle$。

如果要使两个态的能量 E_a、E_b 相同，则必须满足：$H_{aa} = H_{bb}$，$H_{ab} = 0$。

双原子分子只是两原子间核间距 R 的独立函数，一般情况下要使一个变量同时满足上述两个条件是不可能的。因此就双原子分子而言，两个具有相同对称性的态不会相交。但对称性不同的两个态，H_{ab} 总为零，当 $H_{aa} = H_{bb}$ 时就会相交。对于含有三个或三个以上原子的体系，至少含有两个独立的参量，因此满足相交条件是比较容易的。这样就会得出多原子体系的任意两个态总会相交的结论。若二者具有相同的对称性，其相交区是一个 $3N-8$ 维的曲面；若具有不同的对称性，相交区则是一个 $3N-7$ 维的曲面。让两个态能量相同的结构有无数个，我们不可能也没有必要全部进行考察，只需研究其中最有意义的一个点，即最小能量交叉点。最小能量交叉点（minimum energy crossing point, MECP）是指在 $3N-7$ 维曲面中，使两个态能量相同的全部结构中具有最低能量的结构。两个态之间有多个 MECP，最终搜索得到的 MECP 取决于初猜结构离哪个 MECP 比较近[51]。

在化学反应过程中，尤其是过渡金属催化的反应中，由于底物结构不断变化，金属周围的配体场也在变化，导致反应进行到不同程度时最稳定的自旋态也会随之改变，从而使得一些本来不能发生或者较难发生的反应，通过在不同自旋态之间的跃迁得以发生。对于普通的催化反应，我们只需找到相应的中间体和过渡态就可以很好地描述整个反应机理，但是对于涉及自旋交叉的反应，我们还需要找到不同自旋态之间的最小能量交叉点 MECP。搜索 MECP 时一般不考虑旋轨耦合。

2.5.3 振动频率

作为分子势能面的一种表征方法，振动频率分析是非常重要的。每个驻点都需要计算谐波振动频率。首先，振动频率可以用来确定势能面上的稳定点，即可以区分全部为正频率的局域极小点（中间体）和存在一个虚频的鞍点（过渡态）；其次，振动频率可以确定稳定但又有高反应活性或者短寿命的分子；最后，计算得到的正则振动频率按统计力学方法给出稳定分子的热力学性质，如广泛使用的熵、焓、平衡态同位素效应以及零点振动能估测等。

2.5.3.1 谐振频率的计算

分子的振动涉及由化学键连接的原子间相对位置的移动。假定 Born-Oppenheimer 原理[5]是正确的，我们可以把电子运动与核运动分离开来考虑。由于分子内化学键的作用，各原子核处于能量最低的平衡构型并在其平衡位置附近以很小的振幅做振动，我们可把振动与运动尺度相对较大的平动和转动分离开来，从而将核运动波函数近似分离为平动、转动和振动三个部分。对于一个由 N 个原子组成的分子，忽略势能高次项，在其平衡态附近原子核的振动总能量可近似表述为：

$$E = T + V = \frac{1}{2}\sum_{i=1}^{3N} \dot{q}_i^2 + V_{\text{eq}} + \frac{1}{2}\sum_{i,j=1}^{3N}\left(\frac{\partial^2 V}{\partial q_i \partial q_j}\right)_{\text{eq}} q_i q_j \tag{2-25}$$

式中，V_{eq} 为平衡位置的势能，可取为势能零点；$q_i = M_i^{1/2}(x_i - x_{i,\text{eq}})$。其中，$M_i$ 为原子质量；$x_{i,\text{eq}}$ 为核的平衡位置坐标；x_i 为偏离平衡位置的坐标。

按照 Lagrange 方程 $\dfrac{\mathrm{d}}{\mathrm{d}t}\left(\dfrac{\partial T}{\partial \dot{q}_i}\right) + \dfrac{\partial V}{\partial q_i} = 0$ ($i = 1, 2, 3, \cdots, 3N$)，代入 T 和 V 的表示式则有微分方程：

$$\sum_{j=1}^{3N} \ddot{q}_j = -\sum_{i=1}^{3N} f_{ij} q_i, \quad j = 1, 2, 3, \cdots, 3N \tag{2-26}$$

式中，$f_{ij} = \left(\dfrac{\partial^2 V}{\partial q_i \partial q_j}\right)_{\text{eq}}$ 为力常数矩阵 $\boldsymbol{F}$ 的矩阵元，f_{ij} 可由势能一阶导数的数值微商或解析的二次微商得到，最后可得到久期方程：

$$\sum_{j=1}^{3N}(f_{ij}-\lambda\delta_{ij})C_j=0 \quad (2\text{-}27)$$

式中，$\delta_{ij}=1$（$i=j$ 时）或 $\delta_{ij}=0$（$i\neq j$ 时）。当久期行列式 $|F-\lambda I|=0$ 时，C_j 才有非零解，式中 I 为单位矩阵。解此本征方程可求出本征值 λ 和相应的本征矢量。各原子以相同的频率和初相位绕其平衡位置做简谐振动并同时通过其平衡位置，这种振动叫作正则振动。式（2-27）利用标准方法求得 $3N$ 个正则模式下的频率模式，其中 6 个（对于线性分子为 5 个）频率值趋于零，其物理意义是扣除了平动和转动自由度。

2.5.3.2 热力学性质的计算

完成平衡几何下频率的计算后，按照统计力学可得到绝对熵：

$$S = S_{tr} + S_{rot} + S_{el} - nR[\ln(nN_A)-1] + S_{vib} \quad (2\text{-}28)$$

平动熵为：

$$S_{tr} = nR\left\{\frac{3}{2}+\ln\left[\left(\frac{3\pi M k_B T}{2}\right)^{\frac{3}{2}} \times \frac{nRT}{p}\right]\right\} \quad (2\text{-}29)$$

转动熵为：

$$S_{rot} = nR\left[\frac{3}{2}+\ln\left(\frac{\pi \nu_A \nu_B \nu_C}{s}\right)^{\frac{1}{2}}\right] \quad (2\text{-}30)$$

电子熵为：

$$S_{el} = nR\ln\varpi_{el} \quad (2\text{-}31)$$

振动熵为：

$$S_{vib} = nR\sum_i\{(\mu_i e^{\mu_i}-1)^{-1} - \ln(1-e^{-\mu_i})\} \quad (2\text{-}32)$$

式中，n 为分子摩尔数；R 为气体常数；N_A 为阿伏伽德罗常数；M 为分子质量；k_B 为玻尔兹曼常数；T 为热力学温度；p 为压强；s 为转动对称数；ϖ_{el} 为电子基态简并度；$\nu_{A(B,C)} = h^2KT/[8\pi I_{A(B,C)}]$，其中 h 为普朗克常数，$I_{A(B,C)}$ 为转动惯量；$\mu_i = h\nu_i/k_B T$，ν_i 为振动频率。

按照统计力学，假定所研究的体系为理想气体，从绝对零度到某一特定温度 T，焓的变化为：

$$\Delta H(T) = H_{tr}(T) + H_{rot}(T) + \Delta H_{vib}(T) + RT \quad (2\text{-}33)$$

式中，$H_{tr}(T) = 3RT/2$；$H_{rot}(T) = 3RT/2$ [对于线性分子，$H_{rot}(T) = RT$]；

$$\Delta H_{vib}(T) = H_{vib}(T) - H_{vib}(0) = hN\sum_i \frac{v_i}{(e^{hv_i/k_B T} - 1)}$$ （i 代表正则振动模式），零点振动能定义为：$H_{vib}(0) = \frac{1}{2}h\sum_i v_i$。根据标准的统计力学公式同样可以得到相应的自由能变化。

2.6 内禀反应坐标理论

K. Fukui 提出的内禀反应坐标（intrinsic reaction coordinate，IRC）是量子化学探究化学反应的重要内容。从势能面上看，IRC 是连接相邻两个极小点的能量最低路径，可以给出化学过程在不考虑热运动的情况下最理想的结构运动轨迹。因此，它是研究微观化学过程的重要手段，同时还可验证所寻过渡态是否正确。

对于化学反应途径，各原子的运动可近似为质点的运动。所以它应服从拉格朗日方程：

$$\frac{d}{dt}\left(\frac{\partial L}{\partial \dot{\xi}_i}\right) - \frac{\partial L}{\partial \xi_i} = 0 \quad i = 1, 2, \cdots, n \tag{2-34}$$

对于非线型分子 $n = 3N-6$，N 是反应体系中原子核的个数。ξ_i 和 $\dot{\xi}_i$ 分别为广义坐标和广义速度。

要解方程式（2-34）需要确定初始条件，Fukui 假定原子的运动是无限缓慢的准静态过程，因此可得到这个方程的一组唯一解，即：$\frac{d}{dt}\left(\frac{\partial L}{\partial \dot{\xi}_i}\right) = \sum_j \alpha_{ij}(\xi)\ddot{\xi}_j$，代入式（2-34），可得：

$$\sum_{j=1}^{3N-6} \alpha_{ij}(\xi)\ddot{\xi}_i + \frac{\partial E}{\partial \xi_i} = 0 \tag{2-35}$$

由于原子运动是无限缓慢的，所以在任何时刻 t，初速度都可以视为零，即加速度的方向与速度和位移 $\Delta \xi$ 的方向一致。所以 $\ddot{\xi}_j = \kappa \Delta \xi_j$（$j = 1, 2, \cdots, n$，$\kappa$ 为常数），代入式（2-35）得

$$\sum_j \alpha_{ij}\kappa\Delta\xi_j + \frac{\partial E}{\partial \xi_j} = 0 \tag{2-36}$$

变换为

$$\frac{\sum_j \alpha_{ij}(\xi)\Delta\xi_j}{\frac{\partial E}{\partial \xi_j}} = 常数 \tag{2-37}$$

上式确定的运动轨迹便是内禀反应坐标[52,53]，它表示反应体系中原子的内禀运动。1970 年 K. Fukui 定义内禀反应坐标（IRC）为连接反应物、过渡态和产物沿势能面切面法线方向的一条空间曲线 $R(S)$，这样得到的反应坐标与坐标系的选取无关。若采用质权坐标，则有 $\xi_i = \sqrt{m_i x_i}$，可得

$$\frac{\Delta\xi_1}{\frac{\partial E}{\partial \xi_1}} = \frac{\Delta\xi_2}{\frac{\partial E}{\partial \xi_2}} = \frac{\Delta\xi_3}{\frac{\partial E}{\partial \xi_3}} = \cdots = \frac{\Delta\xi_{3N}}{\frac{\partial E}{\partial \xi_{3N}}} \tag{2-38}$$

上式便是 IRC 方程，由此可见，它正是等势能面切平面的法线方程。

内禀反应坐标法是利用量子化学计算研究化学反应机理的重要理论工具。通过内禀反应坐标分析可以验证过渡态的正确性，并建立稳定点之间的连续性。IRC 是在多维面上的一条平滑（一维）曲线，它从鞍点开始出发沿一个方向可到达反应物，沿另一个方向可到达产物。其扫描轨迹可以预测反应过程中原子的移动轨迹。虽然对于一个给定的势能面，反应坐标不一定是实际轨线，但是它给出了许多低能轨线可能遵循的途径，并提供了探讨势能面实质的有效方法。

2.7　溶剂化效应

有机化学反应实验大都是在溶液中进行的，溶剂分子对化学反应可能有以下几个方面的影响：空间位阻对反应活性的影响、反应平衡的偏移、反应速率的改变、双位负离子亲核活性中心位置顺序改变和反应机理的影响。在理论计算中，反应体系涉及的各个中间体与过渡态结构通常是在气相中优化和频率计算，在气相中计算的数据会存在一定程度的误差。因此，要进行溶剂化效应的模拟计算，使计算数据更为精准。

讨论溶剂化效应有两个方面值得关注：①溶剂分子与反应中心有键的作用，包括配位键和氢键等，这种作用属于短程作用；②极性溶剂的偶极矩和溶质分子偶极矩之间的静电相互作用，这种作用属于远程作用。溶剂和溶质之间的色散力作用也是一种重要的远程作用，特别是非极性溶剂，但是色散力的描

述是量子化学模拟的一个难点。对于短程作用的理论计算，需要考虑多个溶剂分子与溶质的相互作用，即"真实溶剂模型"（explicit solvation model）。这种作用由很多不同构型的弱相互作用的配合体贡献而得，这种模型的具体应用往往需要结合蒙特卡罗或分子动力学等方法。对于远程作用，则需要用"虚拟溶剂模型"（implicit solvation model）来计算。

量子化学计算溶液体系的模型大致分为两种：一种为不连续模型，另一种为连续模型。不连续模型的优点是明确了溶剂分子的具体结构和溶剂-溶质间的相互作用，缺点是不能确定溶质的电子极化效应，计算效率不高。处理溶剂化效应的常用的方法是引用"反应场"（reaction field）的概念，把溶剂化效应看成是溶质分子分布在具有均一性质的连续介质中。其基本原理是：在构建空穴，产生表面碎片之后，首先进行气态下溶质分子的量子化学计算，得到空穴表面各碎片的电荷，然后将该电荷对溶质分子的静电作用作为一个势能项加到哈密顿算符中，重新求解，得到新的电荷分布之后，进行迭代直至自洽。这与SCF运算很相似，只是多了一项与空穴表面碎片电场有关的势能算符。这种方法叫作自洽反应场（self-consistent reaction field，SCRF）模型。这个方法将溶剂描述为连续均一的反应场。SCRF方法是目前使用最多的一种方法，它能够忽略溶质附近的微观溶剂，并直接、容易地将量子化学与溶剂效应融合在一起。其中极化连续介质模型（polarized continuum model，PCM）是SCRF最常见的模型之一，1981年由意大利比萨大学的J. Tomasi教授提出，可以阐明溶质与溶剂之间的静电作用[54,55]。随着PCM模型的不断完善，它已经被广泛地应用于处理溶剂效应对分子性质的影响，并有效地提高了理论计算的精确度。近年来，在PCM模型基础上，衍生出了CPCM方法、IEFPCM方法和SMD模型等溶剂化计算方法。

2.8 基组

基函数（基组）是体系内轨道的数学描述。大多数程序都使用一组原子轨道的线性组合（LCAO）来构造分子轨道，即

$$\Psi_i = \sum_{\mu=1}^{N} c_{\mu i} \Phi_\mu \qquad (2\text{-}39)$$

式中，$c_{\mu i}$为分子轨道组合系数；$[\Phi_\mu, \mu=1, 2, 3, \cdots, N]$为原子轨道基函数集合。

从头算法中广泛使用的基函数有两种：Slater 型基函数（Slater type obital，STO）和 Gaussian 型基函数（Gaussian type obital，GTO）。Slater 型基函数的原子轨道在描述电子云分布时较其他基函数更为优越，但是数学计算 Slater 原子轨道的三中心和四中心积分比较复杂。GTO 函数的积分比 STO 函数容易，但是在电子和核的距离很近时，它们不具有 STO 函数的趋于无穷大的渐进性质，在电子和核的距离很大时，它们又下降得太快。为了把这两个函数的优点结合起来，一般用几个 GTO 去拟合一个 STO。由 GTO 函数线性拟合而成的基函数称为收缩高斯（contracted Gaussian）基函数，用来拟合 STO 的单个 GTO 称为原始（primitive）基函数。

提高基组灵活性的最简单的方法是增加基函数的个数。如果只是增加价层的基函数个数，这种基组称为价层分裂基。通常使用的价层分裂基有 3-21G[56-58] 和 6-31G[59]。例如，在 6-31G 中，内层轨道用 6 个 GTO 拟合 1 个 STO，外层价轨道由两个基函数来描述，每个基函数分别由 3 个和 1 个 GTO 来拟合。分裂基只能改变轨道的大小，但不能改变轨道的形状。为了提高计算精度，常通过加入角动量大的基函数来实现。常用的极化基组 6-31G(d)（或写为 6-31G*）是对非氢原子加入了 d 型基函数，如需要精确描述氢原子，则需再在氢原子上加入 p 型基函数，从而形成 6-31G(d,p)或 6-31G**[60,61]。类似的方法可以构造 6-311G(d)和 6-311G(d,p)。弥散基是指较高主量子数在空间比较弥散的 s 和 p 型基函数，它们允许轨道占据更大的空间。对于电子离核比较远的体系，具有明显负电荷的体系，或是激发态体系，弥散基函数都有重要的应用。例如，6-31+G(d)基组就是 6-31G(d)基组对重原子添加一更高主量子数的 s 和 p 型基函数。6-31++G(d)基组则是在 6-31+G(d)基组的基础上对氢原子添加弥散函数。三-zeta 收缩高斯基组 TZVP[62,63]对于 DFT 计算来说，根据精度要求也是不错的基组。

对于重元素，即使选用小基组，计算量也相当可观。而化学反应主要在价层电子间进行，内层电子虽有贡献，但相对价层来说要小得多。因此，对于重原子可将内层电子不放到波函数中求解，内层电子对价层电子的作用可以用哈密顿量中的势能项代替，这种方法称为有效核电势（ECP）方法，这一处理同时也包含了相对论效应，又被称为相对论有效核电势（RECP）方法。使用有效核电势得到的总能量为价电子能量，这是与全电子计算的不同之处。对于不同的有效核电势，需要优化不同的价轨道基组。常用的赝势基组有 LANL2DZ[64]、SDD[65]等。

一般地，选择基组越大，计算结果越好。但是在计算重原子或大体系时，往往受到计算机条件和计算机时的限制，因此，根据研究对象选取适当的基组尤为重要。

2.9 本书使用的软件介绍

2.9.1 Gaussian 软件简介

Gaussian 是一个功能强大的通用量子化学软件包,其可执行程序在不同型号的大型计算机、超级计算机、工作站和台式计算机上均可运行,并有应用于不同操作系统与机型的版本。Gaussian 可用于研究分子和化学反应的许多性质,例如:分子与过渡态的结构和能量、振动频率、原子电荷、电子亲合能和电离能、键能与反应能、基态与激发态、分子轨道、静电势与电子密度、反应路径、热力学性质、极化和超极化率等等。Gaussian 已成功用于许多化学领域的研究,例如化学反应机理、势能面、取代基的影响等。GaussView 是与 Gaussian 配套的图形界面程序,我们使用的版本是 GaussView 5.0。它的功能是设计、观察分子模型,设置计算命令,显示计算结果等。本书内容所用的计算软件版本为 Gaussian 03[66]和 Gaussian 09[67]。

对于开壳层体系,计算时取消所有轨道对称性的限制,即命令行输入 Nosymm。通常采用合适的基组对各驻点进行初步优化,用高等级大基组优化过渡态,对已优化好构型的反应物、生成物、过渡态再进行相同等级的频率与能量计算,证实所有稳定点都没有虚频(Nimag = 0),所有过渡态(TS)有且仅有一个虚频(Nimag = 1)。为了确保过渡态真正连接指定的中间体及每条反应途径的正确性,在相同水平上进行内禀反应坐标(IRC)计算,最后再进行更高水平的溶剂化和色散校正的单点能计算,从而得到精确的反应势垒。虽然吉布斯自由能的热和熵校正已在 1 atm 和 298.15 K 的气相频率计算中加入,但基于理想气相模型,熵贡献不可避免地被高估,特别是对于反应物和产物分子数量不同的反应。因此,对高精度的自由能进行修正,即在 298.15 K 下,对两分子变一分子的转换反应,减去 2.60 kcal/mol;对一分子变两分子的反应,加上 2.60 kcal/mol,进行校正;对反应前后分子数不变,如一分子变一分子或两分子变两分子的转化反应不进行校正。这种修正已经应用于许多理论研究中[68-73]。

2.9.2 ADF 软件简介

ADF 能够计算气相、液相和蛋白质体系,并附带独立程序 BAND 用于处理周期性体系,如晶体、聚合物以及固体表面。目前 ADF 软件广泛应用于许多研究领域,如催化作用、光谱性质、(生物)无机化学、重元素化学、表面性质、纳米技术和材料科学等。与其他软件相比，ADF 软件在处理过渡金属体系和重元素化合物时有着独特的优势，用相对较少的时间即可实现收敛。此外，ADF 还具备丰富的后续分析功能，能够预测多种波谱性质并提供友好的用户操作界面。本书所涉及的是计算系间穿越（ISC）速率，使用 ADF2014 程序包[74-76]，用 Slater 型全电子基组 TZP 描述所有原子[77]，在 DFT/B3LYP/TZP 水平下计算分子的自旋-轨道耦合矩阵元。使用 Marcus 速率理论[78,79]定量预测单重态和三重态之间的系间穿越速率。

参考文献

[1] 林梦海. 量子化学计算方法与应用. 北京: 科学出版社, **2004**.

[2] 徐光宪, 黎乐民, 王德民. 量子化学基本原理和从头算法. 北京: 科学技术出版社, **1999**.

[3] 徐光宪, 黎乐民. 量子化学: 基本原理和从头计算法. 上册. 北京: 科学出版社, **1980**.

[4] 廖沐真, 吴国是, 刘洪霖. 量子化学从头计算方法. 北京: 清华大学出版社, **1984**.

[5] Born M, Oppenheimer R. Zur quantentheorie der molekeln. *Annalen der Physik*, **1927**, 389(20): 457-484.

[6] Löwdin P O. Correlation problem in many-electron quantum mechanics Ⅰ. Review of different approaches and discussion of some current ideas. *Adv Chem Phys*, **1958**, 2: 207-322.

[7] Pople J, Seeger R, Krishnan R. Variational configuration interaction methods and comparison with perturbation theory. *Int J Quantum Chem*, **1977**, 12 (S11): 149-163.

[8] Goddard J D, Handy N C, Schaefer III H F. Generalization of the direct configuration interaction method to the hartree-fock interacting space for doublets, quartets, and open-shell singlets. *Int J Quantum Chem*, **1979**, 16 (S13): 471-471.

[9] Krishnan R, Schlegel H, Pople J A. Derivative studies in configuration-interaction theory. *J Chem Phys*, **1980**, 72 (8): 4654-4655.

[10] Brooks B R, Laidig W D, Saxe P, et al. Analytic gradients from correlated wave functions via the two-particle density matrix and the unitary group approach. *The Journal of Chemical Physics*, **1980**, 72 (8): 4652-4653.

[11] Salter E A, Trucks G W, Bartlett R J. Analytic energy derivatives in many-body methods. Ⅰ. First derivatives. *J Chem Phys*, **1989**, 90 (3): 1752-1766.

[12] Raghavachari K, Pople J A. Calculation of one-electron properties using limited configuration interaction techniques. *Int J Quantum Chem*, **1981**, 20 (5): 1067-1071.

[13] Pople J A, Head-Gordon M. Raghavachari K. Quadratic configuration interaction. A general technique for determining electron correlation energies. *J Chem Phys*, **1987**, 87 (10): 5968-5975.

[14] He Z, Kraka E, Cremer D. Application of quadratic CI with singles, doubles, and triples (QCISDT): An attractive alternative to CCSDT. *Int J Quantum Chem*, **1996**, 57 (2): 157-172.

[15] Pople J A, Head-Gordon M, Raghavachari K. Quadratic configuration interaction: Reply to

comment by Paldus, Cizek, and Jeziorski. *J Chem Phys*, **1989**, 90 (8): 4635-4636.

[16] Pople J A, Krishnan R, Schlegel H B, et al. Electron correlation theories and their application to the study of simple reaction potential surfaces. *Int J Quantum Chem*, **1978**, 14 (5): 545-560.

[17] Bartlett R J, Purvis G D. Many-body perturbation theory, coupled-pair many-electron theory, and the importance of quadruple excitations for the correlation problem. *Int J Quantum Chem*, **1978**, 14 (5): 561-581.

[18] Purvis Ⅲ G D, Bartlett R J. A full coupled-cluster singles and doubles model: The inclusion of disconnected triples. *The J Chem Phys*, **1982**, 76 (4): 1910-1918.

[19] Scuseria G E, Janssen C L, Schaefer III H F. An efficient reformulation of the closed-shell coupled cluster single and double excitation (CCSD) equations. *J Chem Phys*, **1988**, 89 (12): 7382-7387.

[20] Scuseria G E, Schaefer Ⅲ H F. Is coupled cluster singles and doubles (CCSD) more computationally intensive than quadratic configuration interaction (QCISD)? *J Chem Phys*, **1989**, 90 (7): 3700-3703.

[21] Krishnan R, Pople J A. Approximate fourth-order perturbation theory of the electron correlation energy. *Int J Quantum Chem*, **1978**, 14 (1): 91-100.

[22] Bartlett R J, Shavitt I. Comparison of high-order many-body perturbation theory and configuration interaction for H_2O. *Chem Phys Lett*, **1977**, 50 (2): 190-198.

[23] Barlett R J, Sekino H, Purvis III G D. Comparison of MBPT and coupled-cluster methods with full CI. Importance of triplet excitation and infinite summations. *Chem Phys Lett*, **1983**, 98 (1): 66-71.

[24] Raghavachari K, Pople J A, Replogle E S, et al. Fifth order Moeller-Plesset perturbation theory: comparison of existing correlation methods and implementation of new methods correct to fifth order. *J Phys Chem*, **1990**, 94 (14): 5579-5586.

[25] Thomas L H. The calculation of atomic fields. Mathematical proceedings of the Cambridge philosophical society. Cambridge: Cambridge University Press, **1927**, 23(5): 542-548.

[26] Fermi E. Un metodo statistico per la determinazione di alcune prioriteta dell'atome. *Rend Accad Naz Lincei*, **1927**, 6 (602-607): 32.

[27] Hohenberg P, Kohn W. Inhomogeneous electron gas. *Physical Review*, **1964**, 136 (3B): B864.

[28] Levy M. Universal variational functionals of electron densities, first-order density matrices, and natural spin-orbitals and solution of the v-representability problem. *Proceedings of the National Academy of Sciences*, **1979**, 76 (12): 6062-6065.

[29] Kohn W, Sham L J. Self-consistent equations including exchange and correlation effects. *Phys Rev*, **1965**, 140 (4A): A1133.

[30] Hedin L, Lundqvist B I. Explicit local exchange-correlation potentials. *J Phys, C: Solid State Physics*, **1971**, 4 (14): 2064.

[31] Ceperley D M, Alder B J. Ground state of the electron gas by a stochastic method. *Phys Rev Lett*, **1980**, 45 (7): 566.

[32] Vosko S H, Wilk L, Nusair M. Accurate spin-dependent electron liquid correlation energies for local spin density calculations: A critical analysis. *Canad J Phys*, **1980**, 58 (8): 1200-1211.

[33] Perdew J P, Wang Y. Accurate and simple analytic representation of the electron-gas correlation energy. *Phys Rev B*, **1992**, 45 (23): 13244.

[34] Becke A D. Density-functional exchange-energy approximation with correct asymptotic behavior. *Phys Rev A*, **1988**, 38 (6): 3098.

[35] Lee C, Yang W, Parr R G. Development of the Colle-Salvetti correlation-energy formula into a functional of the electron density. *Phys Rev B*, **1988**, 37 (2): 785.

[36] Perdew J P, Chevary J A, Vosko S H, et al. Atoms, molecules, solids, and surfaces: Applications of the generalized gradient approximation for exchange and correlation. *Phys Rev B*, **1992**, 46 (11): 6671.

[37] Perdew J P, Burke K, Ernzerhof M. Generalized gradient approximation made simple. *Phys Rev Lett*, **1996**, 77 (18): 3865.

[38] Becke A D. Density-functional thermochemistry. III. The role of exact exchange. *J Chem Phys*, **1993**, 98 (7): 5648-5652.

[39] Stephens P J, Devlin F J, Chabalowski C F, et al. Ab initio calculation of vibrational absorption and circular dichroism spectra using density functional force fields. *J Phys Chem*, **1994**, 98 (45): 11623-11627.

[40] Grimme S. Accurate description of van der Waals complexes by density functional theory including empirical corrections. *J Comput Chem*, **2004**, 25 (12): 1463-1473.

[41] Grimme S. Semiempirical GGA-type density functional constructed with a long-range dispersion correction. *J Comput Chem*, **2006**, 27 (15): 1787-1799.

[42] Grimme S, Antony J, Ehrlich S, et al. A consistent and accurate ab initio parametrization of density functional dispersion correction (DFT-D) for the 94 elements H-Pu. *J Chem Phys*, **2010**, 132 (15): 154104.

[43] Caldeweyher E, Bannwarth C, Grimme S. Extension of the D3 dispersion coefficient model. *J Chem Phys*, **2017**, 147 (3): 034112.

[44] Grimme S, Ehrlich S, Goerigk L. Effect of the damping function in dispersion corrected density functional theory. *J Comput Chem*, **2011**, 32 (7): 1456-1465.

[45] Lu T, Chen F. Revealing the nature of intermolecular interaction and configurational preference of the nonpolar molecular dimers $(H_2)_2$, $(N_2)_2$, and $(H_2)(N_2)$. *J Mol Model*, **2013**, 19 (12): 5387-5395.

[46] Eyring H. The activated complex and the absolute rate of chemical reactions. *Chem Rev*, **1935**, 17 (1): 65-77.

[47] Eyring H. The activated complex in chemical reactions. *J Chem Phys*, **1935**, 3 (2): 107-115.

[48] Evans M G, Polanyi M. Some applications of the transition state method to the calculation of reaction velocities, especially in solution. *Trans Faraday Soc*, **1935**, 31: 875-894.

[49] Akiyama M, Watanabe T, Kakihana M. Internal rotation of biphenyl in solution studied by IR and NMR spectra. *J Phys Chem*, **1986**, 90 (9): 1752-1755.

[50] von Neumann J, Wigner E. On some peculiar discrete eigenvalues. *Phys Z*, **1929**, 30: 465-467.

[51] Harvey J N, Aschi M, Schwarz H, et al. The singlet and triplet states of phenyl cation. A hybrid approach for locating minimum energy crossing points between non-interacting potential energy surfaces. *Theor Chem Acc*, **1998**, 99(2): 95-99.

[52] Fukui K, Tachibana A, Yamashita K. Toward chemodynamics. *Int J Quantum Chem*, **1981**, 20 (S15): 621-632.

[53] Fukui K. Variational principles in a chemical reaction. *Frontier Orbitals and Reaction Paths: Selected Papers of Kenichi Fukui*, **1997**: 461-470.

[54] Miertuš S, Scrocco E, Tomasi J. Electrostatic interaction of a solute with a continuum. A direct utilizaion of ab initio molecular potentials for the prevision of solvent effects. *Chem Phys*, **1981**, 55 (1): 117-129.

[55] Miertuš S, Tomasi J. Approximate evaluations of the electrostatic free energy and internal energy changes in solution processes. *Chem Phys*, **1982**, 65 (2): 239-245.

[56] Binkley J S, Pople J A, Hehre W J. Self-consistent molecular orbital methods. 21. Small split-valence basis sets for first-row elements. *J Am Chem Soc*, **1980**, 102 (3): 939-947.

[57] Gordon M S, Binkley J S, Pople J A, et al. Self-consistent molecular-orbital methods. 22. Small split-valence basis sets for second-row elements. *J Am Chem Soc*, **1982**, 104 (10): 2797-2803.

[58] Pietro W J, Francl M M, Hehre W J, et al. Self-consistent molecular orbital methods. 24. Supplemented small split-valence basis sets for second-row elements. *J Am Chem Soc*, **1982**, 104 (19): 5039-5048.

[59] Hehre W J, Ditchfield R, Pople J A. Self-consistent molecular orbital methods. XII. Further extensions of Gaussian-type basis sets for use in molecular orbital studies of organic molecules. *J Chem Phys*, **1972**, 56 (5): 2257-2261.

[60] Hariharan P C, Pople J A. The influence of polarization functions on molecular orbital hydrogenation energies. *Theor Chim Acta*, **1973**, 28 (3): 213-222.

[61] Francl M M, Pietro W J, Hehre W J, et al. Self-consistent molecular orbital methods. XXIII. A polarization-type basis set for second-row elements. *J Chem Phys*, **1982**, 77 (7): 3654-3665.

[62] Schäfer A, Huber C, Ahlrichs R. Fully optimized contracted Gaussian basis sets of triple zeta valence quality for atoms Li to Kr. *J Chem Phys*, **1994**, 100 (8): 5829-5835.

[63] Weigend F, Ahlrichs R. Balanced basis sets of split valence, triple zeta valence and quadruple zeta valence quality for H to Rn: Design and assessment of accuracy. *Phys Chem Chem Phys*, **2005**, 7 (18): 3297-3305.

[64] Hay P J, Wadt W R. Ab initio effective core potentials for molecular calculations. Potentials for K to Au including the outermost core orbitals. *J Chem Phys*, **1985**, 82 (1): 299-310.

[65] Andrae D, Häußermann U, Dolg M, et al. Energy-adjusted ab initio pseudopotentials for the second and third row transition elements. *Theor Chim Acta*, **1990**, 77 (2): 123-141.

[66] Frisch M J, Trucks G W, Schlegel H B, et al. Gaussian 03, Revision B.04. Gaussian Inc,

Pittsburgh PA, **2003**.

[67] Frisch M J, Trucks G W, Schlegel H B, et al. Gaussian 09, Revision E.01. Gaussian Inc, Wallingford CT, **2013**.

[68] Ardura D, López R, Sordo T L. Relative Gibbs energies in solution through continuum models: Effect of the loss of translational degrees of freedom in bimolecular reactions on Gibbs energy barriers. *J Phys Chem B*, **2005**, 109 (49): 23618-23623.

[69] Liu Q, Lan Y, Liu J, et al. Revealing a second transmetalation step in the Negishi coupling and its competition with reductive elimination: Improvement in the interpretation of the mechanism of biaryl syntheses. *J Am Chem Soc*, **2009**, 131 (29): 10201-10210.

[70] Schoenebeck F, Houk K N. Ligand-controlled regioselectivity in palladium-catalyzed cross coupling reactions. *J Am Chem Soc*, **2010**, 132 (8): 2496-2497.

[71] Wang M, Fan T, Lin Z. DFT Studies on copper-catalyzed arylation of aromatic C—H bonds. *Organometallics*, **2012**, 31 (2): 560-569.

[72] Xie H, Zhao L, Yang L, et al. Mechanisms and origins of switchable regioselectivity of palladium- and nickel- catalyzed allene hydrosilylation with N-heterocyclic carbene ligands: A theoretical study. *J Org Chem*, **2014**, 79 (10): 4517-4527.

[73] Wang M, Fan T, Lin Z. DFT studies on the reaction of CO_2 with allyl-bridged dinuclear palladium(Ⅰ) complexes. *Polyhedron*, **2012**, 32 (1): 35-40.

[74] te Velde G, Bickelhaupt F M, Baerends E J, et al. Chemistry with ADF. *J Comput Chem*, **2001**, 22(9): 931-967.

[75] Fonseca Guerra C, Snijders J G, te Velde G, et al. Towards an order-N DFT method. *Theor Chem Acc*, **1998**, 99(6): 391-403.

[76] Baerends E J, Ziegler T, Autschbach J, et al. ADF2014, SCM, Theoretical Chemistry. Amsterdam: Vrije Universiteit, **2016**.

[77] van Lenthe E, Baerends E J. Optimized Slater-type basis sets for the elements 1–118. *J Comput Chem*, **2003**, 24 (9): 1142-1156.

[78] Samanta P K, Kim D, Coropceanu V, et al. Up-conversion intersystem crossing rates in organic emitters for thermally activated delayed fluorescence: Impact of the nature of singlet vs triplet excited states. *J Am Chem Soc*, **2017**, 139 (11): 4042-4051.

[79] Liu Y, Lin M, Zhao Y. Intersystem crossing rates of isolated fullerenes: Theoretical calculations. *J Phys Chem A*, **2017**, 121(5): 1145-1152.

第3章

过渡金属催化 CO_2 与环氧烷烃反应

3.1 反应概述

随着工业碳源的日趋短缺和环境问题的日益严重,二氧化碳的化学利用引起了研究者极大的关注[1-4]。然而实验上催化 CO_2 与环氧烷烃反应制备环碳酸酯的过程中,很难捕获到中间体信息,很难明确反应历程,影响产物的产率、选择性等的控制因素仍然不清楚,因此 CO_2 与环氧烷烃反应的机理研究被人们广泛关注。因此,阐明过渡金属配合物的催化作用机制,获得化学反应的热力学和动力学等信息以及关键中间体的性质是非常必要的。

过去的研究发现,虽然二氧化碳与金属化合物直接反应生成的加合物可以认为是催化转化过程中的中间体结构和功能化模型,但多数 CO_2 配合物不稳定,很容易解离 CO_2 配体,因而分离条件苛刻,通常需要借助手套箱或 Schlenk 技术,在低温下严格去除氧和水。二氧化碳在加合物中表现出多种配位模式[5],例如,由前驱体 $Ir(dmpe)_2(Cl)$ 制备的 η^1-CO_2 配合物 $Ir(dmpe)_2(Cl)(CO_2)$[6];由前驱体 $Ni(PR_3)_4$ ($R = n$-Bu, Et) 制备的 η^2-CO_2 配合物 $Ni(PR_3)_2(CO_2)$[7]。这些配合物的金属中心不仅具有配位空位(或容易置换的配体),而且金属中心需具有高度亲核性,这就要求配体为给电子配体,CO_2 分子直接通过亲电的碳原子与金属中心较弱地结合形成 η^1-CO_2 配合物。与此同时,CO_2 插入金属配合物中的 M—R (R = H, CH_3 或 OR)键已有实验和理论研究报道[8-10]。实验上环氧化物优先被活化的晶体数据并不多,例如二聚体 $Zn_2Br_4(\mu$-$OCHRCH_2$-$NC_5H_5)_2$[11,12]和三聚体 $Zn_3Br_6[\mu$-OCH_2CH_2-$P(C_6H_5)_3]_3$[13]。表3-1列出了一些用于催化

CO_2 和环氧烷烃反应合成环碳酸酯的催化剂体系，如单一催化剂 $Re(CO)_5Br$[14]、$PPN^+Mn(CO)_4L^-$（L = CO）[15]等，双组分体系 $Co^{III}Salen/n-Bu_4NCl$[16]、$Cr^{III}Salen/DMAP$[17]等，表中给出了反应条件和反应转化频率等信息。

表 3-1 用于 CO_2 和环氧烷烃反应合成环碳酸酯的几类催化剂体系

催化剂	压力/MPa	温度/°C	时间/小时 (PO/EO)	产率/% (PO/EO)	TOF/h^{-1} (PO/EO)	文献
(2-Me-py)$_2$ZnBr$_2$	3.4	100	2/1	80	435/1216	[11,12]
ZnBr$_2$(PPh$_3$)$_2$	3.4	100	1	78	—/1559	[13]
Re(CO)$_5$Br	6.0	110	20	46/—	460/—	[14]
PPN$^+$Mn(CO)$_4$L$^-$（L = CO）	0.5	100	6/—		112/—	[15]
Co^{III}Salen/n-Bu$_4$NCl	0.55	45	1.5	47.4	316/—	[16]
Cr^{III}Salen/DMAP (3.81 mmol)	0.69	75	2	100	254/—	[17]
(η^5-C$_5$H$_5$)Ru(CO) (μ-dppm)Mn(CO)$_4$	4.0	100	45/—	—	37/—	[18]
Co^{III}Salen/DMAP (6.6 mmol)	2.1	100	1.5	100	603/—	[19]
Zn^{II}Salen/Et$_3$N (4.5 mmol)	3.5	100	2	86	428/—	[20]

进入 21 世纪后，随着理论方法的发展和计算机技术的进步，量子化学计算可以从理论上预测化学反应的能垒、物种的振动频率等参数。2002 年，Morokuma 等[21]首次用量子力学和分子动力学组合的 ONIOM 方法详细地研究了 Zn(Ⅱ)的金属有机化合物(BDI)ZnOCH$_3$ 催化 CO_2 与氧化环己烯/环氧乙烷共聚机理，考察了四种可能的插入反应（A~D）：

反应 A：[Zn]—OR+CO_2 ⟶ [Zn]—OC(O)—OR (3-1)

反应 B：[Zn]—OR + C\|C O ⟶ [Zn]—OCC—OR (3-2)

反应 C：[Zn]—OC(O)—OR+CO_2 ⟶ [Zn]—OC(O)—OC(O)—OR (3-3)

反应 D：[Zn]—OC(O)—OR + C\|C O ⟶ [Zn]—OCC—OC(O)—OR (3-4)

通过对所有可能路径涉及的中间物种及过渡态的结构和能量进行计算，分析得出了能量最低的反应路径。如图 3-1 所示，CO_2/氧化环己烯共聚反应机理为，CO_2 插入 **1a** 的 Zn—OR 键生成 **1c**（反应 A）与底物 $C_6H_{10}O$ 插入 **1c** 的 Zn—OC(O)—OR 键（反应 D）交替进行。CO_2 插入反应 A 和反应 C，都较环氧化物插入反应动力学优先，但 CO_2 插入 Zn—OC(O)—OR 键（反应 C）是吸热反应，反应 C 不能正向进行，没有 CO_2 共聚物生成。环氧化物插入 Zn—OR 键和 Zn—OC(O)—OR 键都有高的活化能垒，环氧乙烷插入 Zn—OC(O)—OR 键的能垒太高，反应无法进行。只有氧化环己烯插入 Zn—OC(O)—OR 键时，反应能垒才足够低,可以与 CO_2 插入反应竞争,呈现交替共聚化反应。能垒的降低是由氧化环己烯中三元环/六元环双环结构额外的应变能释放驱动的。共聚过程的速控步为环氧化物的插入(反应 D),而该步反应又可以由催化剂和环氧化物决定。

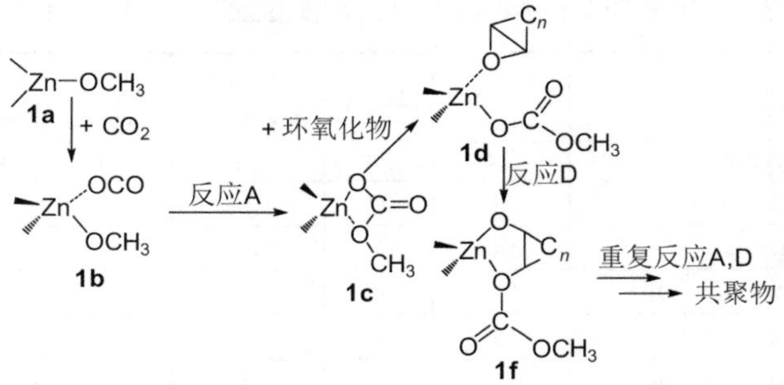

图 3-1 (BDI)ZnOCH₃ 催化 CO_2/氧化环己烯共聚的可能反应途径

Man 等[18]采用密度泛函理论在 B3LYP 水平下对异核双金属 Ru-Mn 配合物 $[(\eta^5-C_5H_5)Ru(CO)(\eta-dppm)Mn(CO)_4]$ 催化 CO_2 与环氧乙烷的偶联加成进行了实验和理论研究,并提出两条可能的反应途径,如图 3-2 所示,反应路径 1 与路径 2 的差别在于,路径 1 为催化剂的两个金属中心分别同时活化两种底物;路径 2 为两个金属中心协同活化环氧化物。理论计算研究表明,反应路径 2 更容易进行,第一步环氧乙烷与催化剂的路易斯酸中心 Ru 原子配位的同时,Ru—Mn 键发生异裂,得到中间物种 **2a**,带有负电性的 Mn 中心亲核进攻近邻环氧乙烷的碳原子使得环氧乙烷开环,形成八元环状中间物种 **2b**;第二步 CO_2 插入中间体 **2b** 的 Ru—O 键生成十元环状中间体 **2c**;第三步环碳酸酯发生分子内闭环,催化剂得到还原。第一步环氧化物开环和第三步环碳酸酯闭环的反应能垒

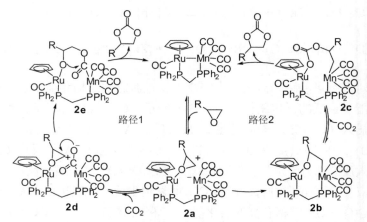

图 3-2 $(\eta^5-C_5H_5)Ru(CO)(\eta-dppm)Mn(CO)_4$ 催化合成环碳酸酯的反应机理

较高,且能量差值小,所以这两步对反应速率的控制都很重要。环氧化物的取代基具有吸电子性质时,可以增加环氧化物中碳原子的亲电性,从而可以降低负电性 Mn 亲核诱导环氧化物开环的反应势垒,而且也有利于中间体 **2c** 闭环生成环碳酸酯,因为这一步与环氧化物中的碳原子亲电进攻 Ru—O 键的氧原子有关。这与实验结果相一致,即环氧化物为吸电子基取代时,可以提高转化率。由于 Man 等采用的是气相计算,涉及 Ru—Mn 键异裂导致电荷分割的基元步骤反应能垒都比较高。

Sun 等[22]在密度泛函理论 B3PW91/6-31G(d,p)水平下,对离子液体 1-烷基-3-甲基咪唑氯盐$[C_n mim]Cl$ (n = 2, 4, 6) 催化合成碳酸丙烯酯的反应机理做了研究,得出的主要结论包括:①与非催化偶联反应相比,离子液体$[C_n mim]Cl$ (n = 2, 4, 6)的加入改变了反应途径,计算得到的吉布斯自由能垒降低大约 20~30 kcal/mol;②$[C_2 mim]Cl$ 的催化活性来源于阴阳离子的协同作用使环氧丙烷开环更容易,而且反应过程中氢键相互作用对活性中间物种和过渡态起到了稳定作用;③环加成反应能垒对烷基链的长度不是很敏感,因此实验中环碳酸酯的产率随着烷基链的增长而增加,应该是由主体溶剂化效应所致。

最近曹泽星教授等[23]利用 DFT 计算阐明了 Al-卟啉、Mg-卟啉、Zn-卟啉和助催化剂 PPNX(X = Cl, Br, I)催化 CO_2 与环氧化物偶联反应的可行机制,遵循相似的多步反应机制,其中开环和闭环步骤需要克服相对较高的自由能垒,CO_2 的插入容易进行。计算结果支持了季铵盐助催化剂的显著催化作用,其顺序为 PPNCl > PPNBr > PPNI。在卟啉配体上引入芳基和氯代芳基在一定程度上降低了铝中心的亲电性,但显著增强了催化剂、助催化剂和反应物之间的结合作用,从而更有利于初始反应。闭环步骤受大环上取代基的影响较小。

综上,过渡金属配合物催化二氧化碳和环氧化物合成环碳酸酯一般遵循的反应机理主要涉及三步反应,即环氧化物的氧化加成、二氧化碳的插入反应、环碳酸酯的还原消除。对于大多数二氧化碳和环氧化物转化为环碳酸酯的反应,由于一些重要的新颖中间体被真正测定或证实的难度很大,很难明确反应历程,因而借助量子化学方法对反应历程进行深入分析,不仅对于了解反应过程的动力学特征具有重要的理论意义,而且对于借助改变催化剂结构调控化学反应有重要的实际意义。本章选取了单组分过渡金属配合物氰甲基铜(Ⅰ)和 $Re(CO)_5Br$ 两种催化剂为研究对象,对其作用于 CO_2 与环氧丙烷反应合成环碳酸酯的机理进行了详细分析与探讨,以期为化学利用 CO_2 提供必要的基础信息。

3.2 氰甲基铜(Ⅰ)催化 CO_2 与环氧丙烷反应

Saegusa 等[10]研究 CO_2 与环氧丙烷偶联反应时，发现氰甲基铜(Ⅰ)可以作为活化二氧化碳分子的一个载体，是合成碳酸丙烯酯的一种高效催化剂，见式(3-5)。然而实验条件下 $NCCH_2Cu$ 稳定性差，金属有机化合物氰甲基铜(Ⅰ)($NCCH_2Cu$) 是如何活化 CO_2 生成氰丙酸铜(Ⅰ)的？有机配体氰甲基基团如何调节反应？整个催化循环的速控步（RDS）是什么，能垒有多高？本小节针对这些问题，采用量子化学方法对氰甲基铜(Ⅰ)催化合成碳酸丙烯酯的反应机理进行了理论研究，计算确定了该催化过程中所有的中间物种及过渡态的结构，并根据计算得到的相对能量汇总了各个基元反应步骤的能量曲线，讨论了氰甲基铜(Ⅰ)催化合成碳酸丙烯酯的详细反应历程，分析了不同反应途径的竞争性，阐明了氰甲基铜(Ⅰ)催化 CO_2 与环氧丙烷合成碳酸丙烯酯的详细机理。

$$NCCH_2Cu \underset{\text{过程}1}{\overset{CO_2}{\rightleftharpoons}} NCCH_2CO_2Cu \overset{\triangle}{\underset{\text{过程}2}{\longrightarrow}} \underset{O}{\overset{O}{\bigcirc}} \tag{3-5}$$

采用密度泛函理论 B3LYP 对所有结构进行全优化和频率分析，未进行任何对称性限制。其中，Cu 原子采用 6-311G(d)基组，C、H、O 和 N 原子采用 6-311G(d,p)基组。B3LYP 方法已经被证明适用于 Cu(Ⅰ)催化的反应体系，计算得到的振动频率和几何参数与实验结果非常吻合[24-27]，计算得到的 CO_2 和环氧丙烷的几何参数和振动频率与对应的实验数据符合得非常好。与实验条件相一致，所有热力学数据都设置实验温度 403.15 K 和压力 40 atm，且催化循环中各个驻点总能量均经过零点能校正（ZPE）。为了得到更可靠的相对能量值，在 B3LYP 方法优化的几何构型基础上，采用高水平 MP2/6-311+G(d,p)方法计算了一些驻点的单点能，并用 B3LYP 水平的零点能校正电子能和吉布斯自由能，校正因子为 0.963[28]。此外，对关键物种做了自然键轨道（NBO）分析[29]，计算给出了 Wiberg 键级和原子的自然电荷分布，解释了整个反应过程的键级和电荷变化。当反应物分子与产物分子数目相等时，相对吉布斯自由能变（ΔG）与相对电子能变（ΔE）是相近的；而当反应物分子与产物分子数目不等时，由于熵效应使得相对吉布斯自由能变（ΔG）与相对电子能变（ΔE）相差很大。因此，考虑到熵效应的影响，本小节基于活化和反应自由能（ΔG）及相应的焓变（ΔH）来分析整个反应机理。为了便于讨论，将反应物 $NCCH_2Cu(Ⅰ)$、CO_2 和环氧丙烷的总能量作为参考零点。

对于 CO_2 和环氧丙烷（PO）直接偶联反应，图 3-3 给出了反应物（CO_2 和环氧丙烷)、两个双分子反应前驱体、两种不同的过渡态以及产物分子的几何结构和参数。如图 3-3 所示，CO_2 对环氧丙烷有两种可能的进攻方式：①进攻取代基少的 C_{CH_2} 原子；②进攻取代基多的 C_{CHR} 原子。这两种环加成反应路径为协同机理，且都生成五元环状碳酸丙烯酯。以第一种反应方式为例，CO_2 与环氧丙烷反应物分子通过弱的范德华作用力形成 **IM1**，其结合能为 2.68 kcal/mol，C_{CO_2} 与 $O_{epoxide(环氧丙烷)}$ 原子间的距离为 2.8249 Å。五元环状过渡态结构 **TS1** 的能量要比反应物高 68.43 kcal/mol。在 **TS1** 中，$C_{epoxide}$—$O_{epoxide}$ 键伸长到 2.0156 Å 而断裂，同时 C_{CO_2} 与 $O_{epoxide}$ 原子、$C_{epoxide}$ 与 O_{CO_2} 原子间距离分别缩短为 1.7416 Å 和 2.2675 Å，此时 C_{CO_2}—$O_{epoxide}$ 和 $C_{epoxide}$—O_{CO_2} 键趋于形成。第二种进攻模式前驱体和过渡态分别为 **IM2** 和 **TS2**。结构 **TS1** 和 **TS2** 的振动虚频分别为 682.13i cm^{-1} 和 577.71i cm^{-1}，这些值比 Sun 等[22]预测的相应类似过渡态结构的虚频值略小。从 CO_2 和 PO 协同反应机理的吉布斯自由能曲线（图 3-3）可以看出，在 403.15 K 和 40 atm 的气相条件下，无论从 **IM1** 到 **TS1** 还是从 **IM2** 到 **TS2**，反应活化能垒都很高，分别为 64.98 kcal/mol 和 60.14 kcal/mol，整个协同加成反应放热 10.13 kcal/mol，但是吸能 1.50 kcal/mol。基于以上数据分析得出，无论从热力学还是动力学角度，非催化的 CO_2 和环氧丙烷协同反应有一个难以逾越的能垒，反应很难发生，因此需要借助催化剂反应才能进行。

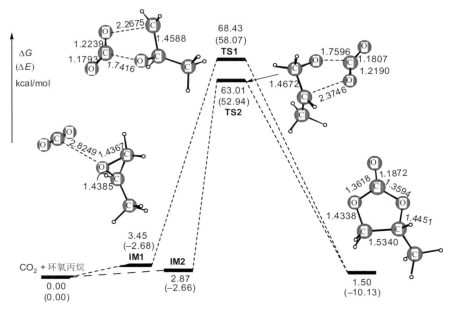

图 3-3 CO_2 和环氧丙烷协同反应机理的自由能曲线
（能量单位：kcal/mol，括号里为相对电子能）

在氰甲基铜(Ⅰ)催化剂作用下，CO_2 和环氧丙烷生成环碳酸酯的催化循环分为两个阶段：第一个阶段为活化 CO_2 生成载体氰丙酸铜(Ⅰ)；第二阶段为碳酸丙烯酯的生成。

3.2.1 氰甲基铜(Ⅰ)活化 CO_2 生成氰丙酸铜(Ⅰ)

由于配体 CH_2CN 的配位模式不同，催化剂氰甲基铜(Ⅰ)存在两种异构体：甲基碳配位结构 **1** 和氰基氮配位结构 **2**。如图 3-4 所示，活化 CO_2 载体有多种可能构型。在氰甲基铜(Ⅰ)与 CO_2 反应的势能面（PES）上，共优化获得 6 个中间物种和 5 个反应过渡态。在这些中间体结构中，CO_2 被真正活化的结构为 **6**、**7** 和 **8**。图 3-5 描绘了 B3LYP/6-311G(d,p) 水平下计算得到的 $CuCH_2CN$ 和 CO_2 反应生成氰丙酸铜(Ⅰ)的自由能曲线。

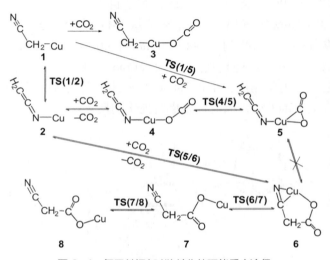

图 3-4　氰甲基铜(Ⅰ)羧基化的可能反应途径

催化剂 $NCCH_2Cu$ 的两种异构体直接转化过程 **1 → 2** 很难发生，因为反应吸能 17.26 kcal/mol，吸热 17.54 kcal/mol，而且能垒高达 40.55 kcal/mol。将 CO_2 活化生成活性中间体氰丙酸铜(Ⅰ)需要经历六个基元步骤，即：

$$1 + CO_2 \rightarrow 5 \rightarrow 4 \rightarrow 2 + CO_2 \rightarrow 6 \rightarrow 7 \rightarrow 8$$

CO_2 在与催化剂结构 **1** 的铜中心靠近的同时，碳配位转变为氮配位，相应的过渡态为 **TS(1/5)**，其虚频为 236.95i cm^{-1}，所对应的振动模式表明经由 **TS(1/5)** 之后产生旁配位结构 **5**。从 **1 + CO₂** 到 **TS(1/5)** 能垒降低为 23.07 kcal/mol，比从 **1** 到 **TS(1/2)** 需克服的能垒低近 20 kcal/mol，这表明催化剂结构的异构化重排反应（**1 → 2**）需要二氧化碳的参与。第一步，CO_2 侧面进攻催化剂结构 **1** 形成化

合物 **5**；第二步，侧配位二氧化碳载体 **5** 转化为更稳定的端配位化合物 **4**，这是由于 Cu(Ⅰ)可以提供 π 电子，同时反键轨道中 C_{CO_2} 有接受电子的能力，这一步反应过渡态 **TS(4/5)** 的能垒为 0.93 kcal/mol，放能 1.57 kcal/mol；第三步，**4** 在高温高压条件下释放出 CO_2 而生成活性催化物种 **2**；第四步，经历过渡态 **TS(5/6)**，**2** 与 CO_2 反应生成氰丙酸铜(Ⅰ)前体 **6**，反应活化能垒为 6.02 kcal/mol；第五步，为了给环氧化物的活化创造反应环境，Cu 原子需要绕键 C3—O1 旋转大约 180°使其暴露出来，相应的过渡态为 **TS(6/7)**，虚频为 72.87i cm^{-1}，从 **6** 到 **TS(6/7)** 反应能垒为 16.35 kcal/mol。

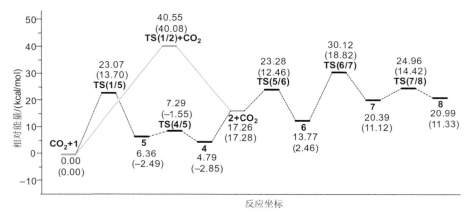

图 3-5 $CuCH_2CN$ 活化 CO_2 生成氰丙酸铜(Ⅰ)的自由能曲线
(能量单位：kcal/mol，括号中为相对电子能)

从图 3-4 中二氧化碳载体 **6** 的结构可以看出，Cu 原子与 O1、C2 和 N 原子相互作用，O1—C3 和 O2—C3 键长为 1.2875 Å 和 1.2070 Å，键角 O1—C3—O2 变为 129.22°，这些几何参数的变化表明结构 **6** 中二氧化碳得到了活化。NBO 分析表明，Cu—N、Cu—C2、Cu—O1、C3—O1 和 C3—C1 键的 Wiberg 键指数分别为 0.2217、0.2075、0.2492、1.2857 和 0.8315。氰丙酸铜(Ⅰ)结构 **7** 中 Cu—O1、C3—O1 和 C3—C1 键的 Wiberg 键指数分别为 0.4165、1.2486 和 0.9159，O1—C3 和 O2—C3 键分别伸长 0.0069 Å 和 0.0137 Å 而变为 1.2944 Å 和 1.2207 Å，键角 O1—C3—O2 减小 2.34°变为 126.88°，这些参数表明二氧化碳被进一步活化。需要指出的是，氰丙酸铜(Ⅰ)有一个与结构 **7** 很相似的异构体 **8**，其能量比结构 **7** 略微高 0.22 kcal/mol，连接 **7** 和 **8** 的过渡态为 **TS(7/8)**，反应能垒仅为 4.57 kcal/mol，这表明该异构化过程很容易发生。在 **TS(7/8)** 中，Cu—O1 键略有伸长，同时 Cu—O2 键略微缩短。**TS(7/8)** 的虚频为 188.77i cm^{-1}，对应于 Cu 原子的赝旋转。在 **8** 中，Cu—O2、C3—O1 和 C3—O2 键的键长分别为 1.8349 Å、1.2171 Å 和 1.3013 Å；键角 O1—C3—O2 和 Cu—O2—C3 变化不大，分别为

126.67°和 109.10°。Cu—O2 键的 Wiberg 键指数为 0.4195，这比 **7** 中 Cu—O1 键的键指数稍微大一些。注意到，结构 **8** 和 **7** 的吉布斯自由能差值仅为 0.60 kcal/mol。为了获得更为可靠的相对稳定性，采用 MP2/6-311+G(d,p)方法得到 **8** 和 **7** 的吉布斯自由能差值为 0.63 kcal/mol，MP2 和 B3LYP 两种方法给出了相同的稳定性趋势，证实了 B3LYP 密度泛函理论计算结果的准确性。从图 3-5 可以看出，由反应物（NCCH$_2$Cu + CO$_2$）到二氧化碳载体（**6**、**7**、**8**）的形成是能量增加的，这表明反应需要在温度较高的条件下进行。计算结果表明，二氧化碳诱导催化剂异构化（**1** + CO$_2$ → **5**）的能垒最高，为 23.07 kcal/mol，是反应第一阶段氰丙酸铜(Ⅰ)生成的速控步骤。

图 3-6 给出了生成氰丙酸铜(Ⅰ)涉及的所有结构的几何构型和参数。在结构 **2** 中，Cu—N、C1—C2 和 C2—N 键的键长分别为 1.8133 Å、1.3283 Å 和 1.2060 Å；它们的键指数依次为 0.5828、1.3444 和 1.6264；这些数值表明 Cu—N 键形成、C1—C2 键接近于双键以及 C2—N 三键削弱。如图 3-4 和图 3-5 所示，

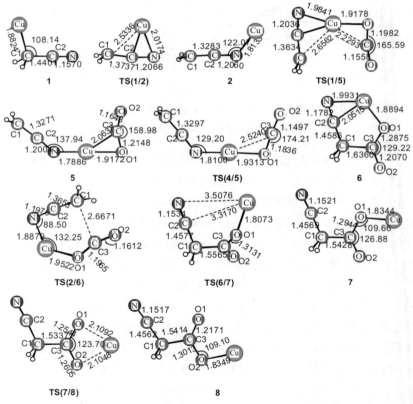

图 3-6 CuCH$_2$CN 活化 CO$_2$ 生成氰丙酸铜（Ⅰ）路径涉及的关键结构的几何参数
[键长单位为 Å，键角单位是（°）]

两个 CO_2 端配位化合物 **3** 和 **4** 是依靠静电引力形成的，即带正电荷的 Cu 原子和 CO_2 中带负电的氧原子之间的相互作用。物种 **3** 的生成是一个自发过程，放能 10.84 kcal/mol，此结构类似于 Zhou 等[30]表征 XCuOCO（X = Cl, Br）的几何参数。对于结构 **4** 来说，尽管比反应物（**1** + CO_2）稳定 2.85 kcal/mol，但生成 **4** 需要吸收能量 4.79 kcal/mol。**3** 和 **4** 中 CO_2 的几何参数几乎没发生变化，不是活化二氧化碳的载体。但需要注意的是，化合物 **4** 具有很高的反应活性，原因在于 CH_2 基团处于裸露不饱和状态，且 Cu 原子带有较大的自然电荷（+0.701e）能诱导二氧化碳从端配位向旁配位转化。与 **4** 相比，**3** 中 Cu 原子的自然电荷（+0.618e）相对小一些，而且 C_{CH_2} 原子也接近配位饱和，这些因素导致化合物 **3** 无化学反应活性。

从生成中间体氰丙酸铜(I)结构 **6**、**7**、**8** 的反应能垒及各物种的相对稳定性来看，高温高压条件下，都可能是活化二氧化碳的载体，哪种结构是最好的活化二氧化碳载体，需要考虑其随后与环氧丙烷反应的能量变化。

3.2.2　二氧化碳载体氰丙酸铜(I)与环氧丙烷的偶联机理

二氧化碳载体 **6**、**7**、**8** 与环氧丙烷反应生成碳酸丙烯酯的过程中，都涉及四个主要步骤：①环氧化物配位；②环氧化物开环；③八元环中间体的氧化转化；④环碳酸酯闭环及催化剂还原再生。下面对构建的每条路径涉及的结构、自由能垒、反应能等进行讨论和对比分析。具体为，二氧化碳载体 **6** 与环氧丙烷反应（路径 1）：**6a → 9 → 10 → 11**；二氧化碳载体 **7** 与环氧丙烷反应（路径 2）：**7a → 14 → 15 → 16 → 17 → 18 → 19**；二氧化碳载体 **8** 与环氧丙烷反应（路径 3）：**8a → 22 → 23 → 24 → 16 → 17 → 18 → 19**。环氧丙烷与二氧化碳载体 **6**、**7**、**8** 配位生成配合物 **6a**、**7a** 和 **8a**；其中 **7a** 和 **8a** 能量相等，结构相似，比 **6a** 稳定 4.16 kcal/mol。

路径 1：环氧丙烷通过 $O_{epoxide}$ 原子配位到最稳定的二氧化碳载体 **6** 生成反应前驱配合物 **6a**、**6b**、**6c**、**6d**。图 3-7 给出了相应的结构和一些几何参数。环氧丙烷有两种配位取向：①环氧丙烷中甲基处于远离载体 **6** 的位置，**6a** 和 **6b** 是一组能量简并的对映异构体；②环氧丙烷中甲基处于靠近载体 **6** 的位置，**6c** 和 **6d** 是另外一组能量相等的对映异构体。

从图 3-7 中的相对能量值可以明显看出，环氧化物与二氧化碳载体 **6** 的配位是自发进行的，放能约 30 kcal/mol。配合物 **6a/6b** 与配合物 **6c/6d** 相比，电子能量略微高 0.70 kcal/mol，但吉布斯自由能几乎相等。从类型①和②结构的前线分子轨道图分析得出，这些能量差值的大小受到 Versluis 等[31]提出的定性 σ-π 轨道相互作用之外，起主导作用的是甲基的供电子效应，而不是其立体效应。在两种类型中，Cu—O$_{epoxide}$ 键的距离几乎是相等的。两种类型化合物的能量差值非常小，可以通过环氧丙烷旋转相互转化，连接 **6b** 和 **6c** 的过渡态为 **TS(6b/6c)**，能垒为 5.87 kcal/mol，连接 **6d** 和 **6a** 的 **TS(6d/6a)** 能垒为 5.81 kcal/mol。非常有趣的是，只有结构 **6a** 适合于环氧化物开环。**6c** 受到甲基空间位阻的影响较大，在生成类似于六元环中间体 **10** 之后无法完成后续反应。对于碳酸丙烯酯形成过程中，类型 ii 配合物在整个催化循环中是没有反应活性的。

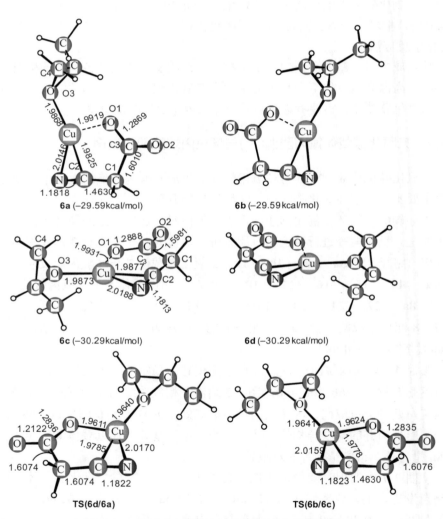

图 3-7 环氧化物与载体 **6** 形成配合物的几何构型和键长

(键长单位为 Å，括号里为相对自由能)

环氧丙烷分子通过 $O_{epoxide}$ 原子与二氧化碳载体 **7** 和 **8** 反应生成配合物结构 **7a** 和 **8a**，如图 3-8 所示，两个异构体能量相等，放能为 33.75 kcal/mol，适合于随后环氧化物开环。

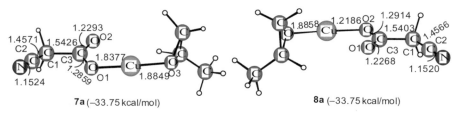

图 3-8　配合物 **7a** 和 **8a** 的几何构型和相对能量
（键长单位为 Å，括号中为相对自由能）

如图 3-9 所示，环氧化物开环过渡态 **TS(6a/9)** 的虚频振动模式显示 C_{CH_2} 进攻附近的 O1 原子，导致 C4—$O_{epoxide}$ 键断裂，生成八元环状中间体 **9**。环氧丙烷开环步骤（**6a → 9**）的活化能垒为 38.13 kcal/mol，放热 2.86 kcal/mol。结构 **9** 的 $O_{epoxide}$ 无法进攻 C_{CO_2}，需要互变异构形成六元环状中间体 **10**，所经历的过渡态结构为 **TS(9/10)**，该过渡态体现了配体的协同作用，即 Cu 的配位环境从氰基 N≡C 转移为亚甲基 C1。IRC 计算结果显示 Cu 原子转移到 C3 原子的同时 C3—C1 键断裂。这步反应吸热 20.96 kcal/mol（**9 → 10**），反应能垒为 36.17 kcal/mol。最后，C3 原子亲电进攻 $O_{epoxide}$ 使得环碳酸酯闭环和催化剂再生，所经历过渡态 **TS(10/11)** 的虚频为 129.01i cm^{-1}。IRC 计算显示 C3 原子从 Cu 原子转移到 O3 原子导致 Cu—C3 键断裂，同时 C3—O3 键形成。环碳酸酯闭环反应（**10 → 11**）仅需要克服 2.24 kcal/mol 的能垒，而且是一个大量放能的过程，放出 25.11 kcal/mol 的能量，因此很容易发生。在配合物 **11** 中，产物环碳酸酯分子通过氧原子与催化剂的 Cu 原子配位，Cu—O 距离为 1.9287 Å，Cu—O 键的 Wiberg 键指数为 0.1338，这表明环碳酸酯与 $CuCH_2CN$ 之间仅存在微弱的相互作用。

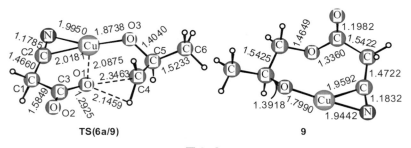

图 3-9

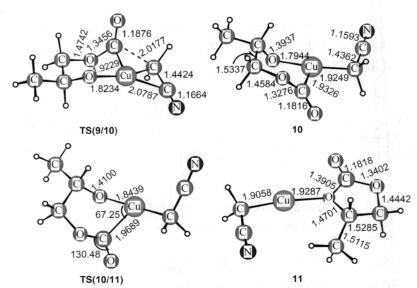

图 3-9 配合物 6a 引发的路径 1 所涉及的关键中间体和过渡态
（键长单位为 Å）

路径 2：环氧丙烷分子通过 $O_{epoxide}$ 原子与较为活泼的二氧化碳载体 **7** 反应生成结构 **7a** 之后，金属中心 Cu 原子活化环氧丙烷开环，C_{CH_2} 原子与 Cu 原子成键，经由四元环过渡态 **TS(7a/14)** 生成活性中间体 **14**。如图 3-10 所示，结构 **14** 中羧基与环氧化物的碳原子距离较远，反应需经由过渡态 **TS(14/15)** 转变为七元环中间物种 **15**，即环氧丙烷的亚甲基—CH_2 扭转与 O2 原子靠近，Cu—C4 键断裂，C_{CH_2}—O2 键形成。这个转化过程（**14 → 15**）吸能 13.49 kcal/mol，需克服的反应能垒为 29.27 kcal/mol。环碳酸酯闭环是一个多步反应，如图 3-11 所示，七元环中间体 **15** 经由过渡态 **TS(15/16)** 转变为六元环羧基侧配位中间体 **16**，此旋转异构化能垒仅为 3.39 kcal/mol，吸能 1.83 kcal/mol，表明这步较容易进行。结构 **16** 仍需进一步异构化为结构 **18**，才能完成闭环反应，经历过渡态 **TS(16/17)**，其虚频为 135.80i cm^{-1}，氰甲基配体的氰基与铜配位形成八元环状中间体 **17**。过程 **16 → 17** 需要克服的能垒仅为 3.76 kcal/mol，放能 21.91 kcal/mol，放热 23.71 kcal/mol，这表明羧基的解离、氰基的配位非常容易发生。这里的中间体 **17** 和前面的结构 **9** 是一组能量相等的对映异构体。与路径 1 中的第三步相似，中间体 **17** 通过氰甲基的迁移转化为六元环状结构 **18**，经由过渡态 **TS(17/18)**，需克服较高的能垒 36.16 kcal/mol，吸热 20.96 kcal/mol。最后一步是 C3 原子亲电进攻 $O_{epoxide}$ 原子，得到产物加合物 **19**，反应所经历的过渡态为 **TS(18/19)**，其虚频为 127.08i cm^{-1}。IRC 计算显示，C3 原子从 Cu 原子迁移到 O3 原子导致 Cu—C3 键断裂和 C3—O3 键形成。与 **7a** 相比，产物配合物 **19** 自由能降低 4.45 kcal/mol。从中间体 **18** 到过渡态 **TS(18/19)** 的活化能垒仅为

2.17 kcal/mol，该值较路径 1 中从 **10** 到 **TS(10/11)** 的能垒稍低 0.07 kcal/mol，这表明环碳酸酯闭环过程（**18 → 19**）和（**10 → 11**）都容易进行。

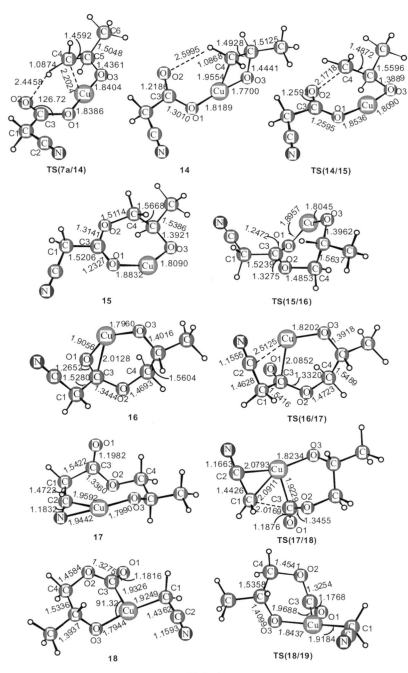

图 3-10

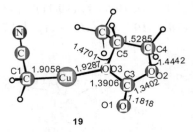

图 3-10 配合物 **7a** 引发的路径 2 所涉及的关键中间体和过渡态（键长单位为 Å）

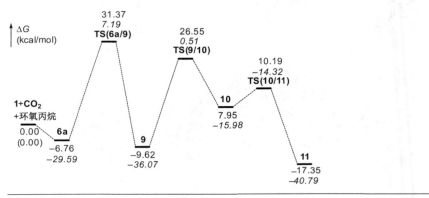

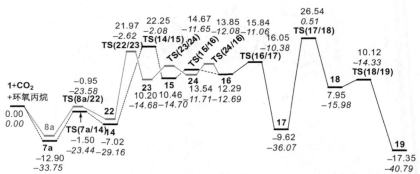

图 3-11 环氧丙烷与 CO_2 载体（**6**、**7**、**8**）反应的自由能曲线
（单位 kcal/mol，斜体为相对电子能）

路径 3：环氧丙烷分子通过 $O_{epoxide}$ 原子与最活泼的二氧化碳载体 **8** 反应生成活性反应前驱体为 **8a**。从相对能量值来看，**8a** 比 **7a** 稳定 0.31 kcal/mol。**8a** 在整个催化循环中是否更为有利呢？如图 3-12 所示，配合物 **8a** 中环氧丙烷的开环是经由过渡态 **TS(8a/22)** 实现的，亚甲基 C_{CH_2} 原子进攻近邻的 Cu 原子而形成一个四元环状中间体 **22**。与 **7a** 到 **TS(7a/14)** 的活化能垒相比，这步的活化能垒稍高 0.11 kcal/mol。中间体 **14** 比 **22** 稍稍稳定 0.11 kcal/mol。之后，四元环结

构 **22** 经由过渡态 **TS(22/23)** 进一步转化为七元环结构 **23**。从 **22** 到 **TS(22/23)**，活化能垒为 28.37 kcal/mol，这比从 **14** 到 **TS(14/15)** 的活化能垒低 0.90 kcal/mol。过程（**22 → 23**）吸能 16.60 kcal/mol，吸热 13.65 kcal/mol。环碳酸酯闭环也是一个多步反应。中间体 **23** 的几何结构收缩异构化为 **24**，经由过渡态 **TS(23/24)**，其虚频为 58.71i cm^{-1}，相应的振动模式为除 Cu 原子之外其余基团的旋转振动，活化能垒为 4.47 kcal/mol，需要吸能 3.34 kcal/mol。注意到，中间体 **24** 不如 **16** 稳定，所以前者转化为后者将有利于反应进行，相应的过渡态为结构 **TS(24/16)**，虚频振动模式（38.78i cm^{-1}）表明氰甲基围绕 C1—C3 键旋转，从 **24** 到 **TS(24/16)** 的能垒为 2.30 kcal/mol，这表明该异构化过程（**24 → 16**）很容易进行。接下来的反应步骤与路径 2 中物种 **16** 之后的步骤相同。

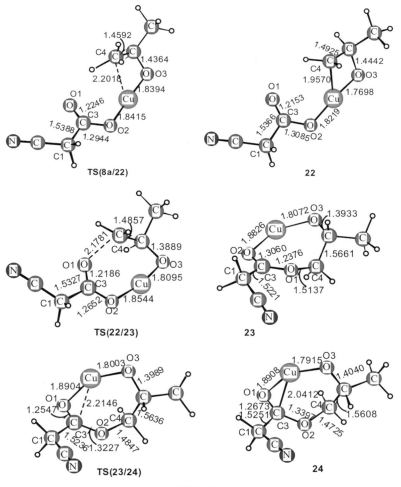

图 3-12

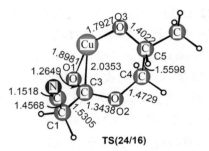

图 3-12 配合物 **8a** 引发的路径 3 所涉及的关键中间体和过渡态

[键长单位为 Å，键角单位为 (°)]

从环氧丙烷与氰丙酸铜（Ⅰ）反应的三条路径的各基元反应的吉布斯自由能曲线图 3-11 可以得出：①三条路径各驻点的能量特征显示，氰丙酸铜与环氧丙烷生成配合物 **6a**、**7a** 和 **8a** 的能量均比起始反应物低，分别低 29.59 kcal/mol、33.75 kcal/mol 和 34.06 kcal/mol，放出的能量能够补偿第一阶段生成氰丙酸铜所吸收的能量，环氧丙烷的配位促进了反应的进行。②在整个环氧化物开环过程中，配合物 **8a** 比 **7a** 更容易进行，因为前者引发的开环反应有较低的活化能垒。环氧丙烷更容易与二氧化碳载体 **8** 作用产生环碳酸酯，而不是 **6** 和 **7**。整个反应是放热的。③催化反应循环中控速步为八元环状中间体 **17** 的氧化转化，此步骤活化自由能垒最高，涉及氰甲基配位模式的转变和 C_{CO_2}—$C_{cyanomethyl(氰甲基)}$ 键断裂，表观活化能为 26.54 kcal/mol。反应路径中涉及的 $O_{epoxide}$—C 和 C_{CO_2}—$C_{cyanomethyl}$ 键断裂会引起较大的电荷分离，导致高的反应能垒。现已认识到，对于这样的电荷分离过程，计算化学中普遍用到的气相计算总是给出高的反应势垒[32]。

此外，前线分子轨道（FMO）分析已成功地解释了一系列加成反应。根据 FMO 理论[33,34]，反应由一种反应物的 HOMO 轨道与另一种反应物的 LUMO 轨道之间的能差所支配。**6**（**7** 或 **8**）的 LUMO 轨道与环氧丙烷的 HOMO 轨道之间的能差 ΔFMO_A 要比相应环氧丙烷的 LUMO 轨道与 **6**（**7** 或 **8**）的 HOMO 轨道之间的能差 ΔFMO_B 小一些，具体数值见文献[35]。因此，对于 **6**（**7** 或 **8**）与环氧化物体系来说，发生加成反应时主要由相对小的能隙 ΔFMO_A 所控制。**8** 的 LUMO 轨道与环氧化物的 HOMO 轨道之间的 ΔFMO_A 能差值最小，为 0.16407 a.u.。**6**、**7** 和 **8** 中带正电荷的 Cu 原子与环氧化物带负电荷的 O 原子之间强的静电作用也促进了环氧丙烷与 **6**（**7** 或 **8**）的偶联。基于以上分析，可以认为结构 **8** 是最好的二氧化碳活化载体。轨道的对称性解释了环氧化物的 O—C—C 平面不能平行靠近 Cu—O 键，只能以相垂直的方向靠近，从而得到垂直的反应前驱体。

图 3-13 给出了最有利反应路径 3 各基元步骤中各物种 Cu 原子自然电荷的变化。在环氧化物开环过程中 Cu 原子的自然电荷是增加的，在亚甲基氧化加成步（**22 → 23**）是减少的，自然布居分析表明 Cu 离子充当了轨道库或电荷库。事实上，Cu 原子自然电荷的变化与 Cu 的配位几何构型有密切的关系，例如，中间物种 **22**、**24**、**16** 和 **18** 的中心 Cu 离子能够达到三重配位呈三角形平面结构或锥形结构，而 **8a**、**23** 和 **17** 的 Cu 离子为二重配位呈线形或角形结构。

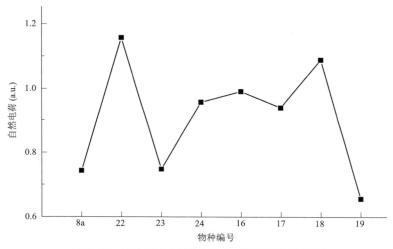

图 3-13 反应路径 3 各物种的 Cu 原子自然电荷变化

本小节通过密度泛函理论计算发现，$NCCH_2Cu$ 催化二氧化碳和环氧丙烷的偶联反应是放热的，吸电子基团可以将 Cu 原子上的电荷转移到 CN 部分，使得反应物中 Cu 原子的亲电性得到增强，从而降低了活化二氧化碳载体氰丙酸铜（Ⅰ）的生成能垒。这与 Saegusa 等的实验结果（催化剂 Cu 原子为吸电子基配位时产率较高）相一致。而且，吸电子基团有利于中间体 **16** 的裂环，因为这步反应涉及 Cu 与氰基 C≡N 之间的侧配位相互作用。另外，理论上预测八元环中间物种 **17** 是稳定的，为实验观测或捕获提供信息。这里澄清了几个新观点：①增加 CO_2 浓度或分压有助于二氧化碳载体向目标产物环碳酸酯转化；②自然键轨道（NBO）分析表明，整个催化反应过程中 Cu 原子充当了轨道库或电荷库；③计算预测的自由能垒显著降低，这表明 $NCCH_2Cu$ 的催化活性好；④第一阶段二氧化碳载体氰丙酸铜（Ⅰ）的生成，以及第二阶段氰丙酸铜（Ⅰ）与环氧化物的偶联中八元环状中间体（**17**）的氧化转化，都证实了 CH_2CN 部分与中心 Cu 原子间的协同作用。这些结果可以很好地解释 130℃ 的实验条件下 $CNCH_2Cu$ 催化 CO_2 与环氧丙烷生成碳酸丙烯酯的关键作用。

3.3 低价铼配合物 Re(CO)$_5$Br 催化 CO$_2$ 和环氧化物反应

sc-CO$_2$ 作为反应介质[8]能够使得催化剂和产品的分离状况得到明显改善。2005 年，华瑞茂等[14,36]在 sc-CO$_2$ 条件下利用羰基铼配合物 Re(CO)$_5$Br 催化环氧化物合成了环碳酸酯，反应体系最大的优点是无任何有机溶剂参与，产率达到 97%，但实验上未能检测或分离到中间体，Re(CO)$_5$Br 的详细催化机制仍不清楚。本节内容是我们于 2010 年首次利用密度泛函理论 B3LYP 方法，对通常人们所认为的脱羰基化合物 Re(CO)$_4$Br 催化反应机理和自由基反应机理进行了比较研究，预测了催化循环中所有中间物种及过渡态的结构，给出了整个催化循环的反应势能面（PES）曲线，明确了反应历程。

对 Re 原子采用赝势 LANL2DZ 基组，C、H、O、Cl 和 Br 原子采用 6-31G(d,p) 基组。B3LYP 方法已被证明适合于研究铼羰基化合物[37-39]。与实验条件相一致，计算设置温度为 383.15 K，压力为 60 atm，且各个驻点的总能量都经过零点能校正（ZPE）。考虑到凝聚相效应的影响，采用极化连续介质模型（PCM）对气相优化构型进行了 B3LYP-SCRF/6-31G(d,p)//B3LYP/6-31G(d,p)单点计算，其中 GEPOL[40]空腔的方格面积为 0.4 Å^2，与文献报道超临界 CO$_2$ 相一致[40]，sc-CO$_2$ 溶液的介电常数 ε 值 1.49 以及密度 $\rho = 0.817$ g/cm^3 源于文献[41]。本节基于活化和反应自由能（ΔG）及相应的焓变（ΔH）分析整个反应机理。

3.3.1 预催化剂 Re(CO)$_5$Br 的活化

Re(CO)$_5$Br 的基态结构为单重态 C_{4v} 双四方锥型。催化剂前体 Re(CO)$_5$Br 脱羰基或裂解过程所需要的能量不同，(CO)$_5$Re—Br 键热解为两自由基 (CO)$_5$Re·和·Br 需要吸能 62.7 kcal/mol。Re(CO)$_5$Br 进行 CO 解离有两种方式，赤道解离和轴向解离。计算表明，赤道解离可以产生单重态 C_{2v} 结构 Re(CO)$_4$Br (**A1**)，此过程键解离能为 19.0 kcal/mol；轴向解离会生成单重态 C_{4v} 结构（**A2**），此过程键解离能为 49.7 kcal/mol。从图 3-14 中 Re(CO)$_5$Br 的键参数可以看出，赤道 Re—C 键长（2.017 Å）比轴向 Re—C 键长（1.945 Å）更长一些；NBO 分析结果显示赤道 Re—C 键的 Wiberg 键指数比轴向 Re—C 键稍微小一些。这些参数解释了键解离能的大小和不同的原因。在高温高压条件下，产生自由基 (CO)$_5$Re·所吸收的能量要比产生不饱和配合物 Re(CO)$_4$Br 高两倍之多，显然自由基路径不可能发生。因此，在 383.15 K 和 60 atm 条件下，过渡金属铼羰基化合物 Re(CO)₅Br 失去一个水平位点的羰基配体是能量占优势的唯一裂解途径，这与 HCo(CO)₄ 失去一分子 CO 配体的裂解路径相似[42]。具有 C_{2v} 对称性的单重态结构 Re(CO)₄Br（**A1**）是活性催化物种[43]，中心金属 Re 原子由 18e 饱和结构变为 16e 不饱和结构。

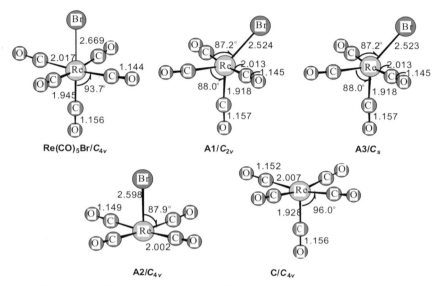

图 3-14　Re(CO)₅Br 和 Re(CO)₄Br 的优化结构和键参数（键长单位为 Å）

另外，由于氯原子在氯甲基环氧乙烷中的空间位置不同，氯甲基环氧乙烷存在三种异构体。如图 3-15 所示，最稳定的结构是 **a**，与异构体 **b** 和 **c** 相比，自由能分别降低 1.8 kcal/mol 和 0.6 kcal/mol。除去能量因素之外，在反应中氯原子有最小空间位阻是选择 **a** 作为反应物起始结构的另一个关键因素。

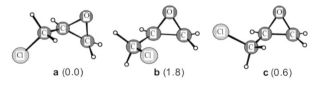

图 3-15　氯甲基环氧乙烷的异构体及相对自由能（能量单位：kcal/mol）

3.3.2　环氧烷烃优先活化机理

在我们的研究中，过渡金属 Re(CO)₄Br 活化环氧化物是基于配位不饱和金属中心的作用完成的。与文献提出的反应机理类似[14]，反应的催化循环如图 3-16 所示。

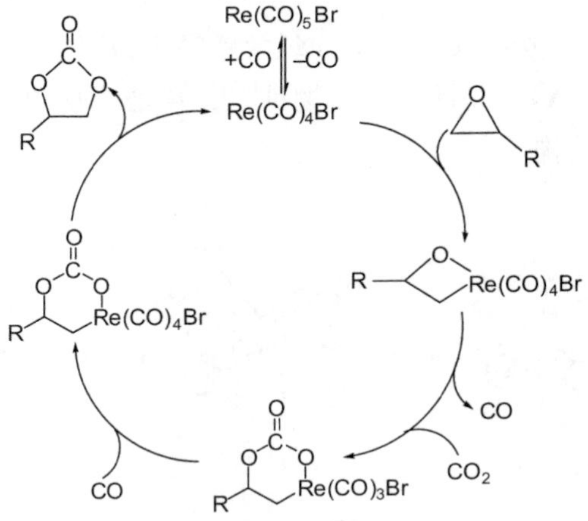

图 3-16 Re(CO)$_4$Br 催化二氧化碳与环氧化物偶联反应机理 I

第一步是氯甲基环氧乙烷的配位和氧化加成。当氯甲基环氧乙烷通过 O$_{epoxide}$ 原子与催化剂 Re(CO)$_4$Br 进行配位时，由于环氧化物中氯甲基方向的不同，优化获得了六个异构体，图 3-17 给出了各种构型的结构、纽曼投影式及相对自由能。从图 3-17 给出的相对自由能数值来看，结构 **1a**、**1f** 是能量最低的反应前驱体，比初始反应物降低 4.5 kcal/mol。**1a** 和 **1d** 是 C$_{CH_2}$—O 键断裂的反应前驱体，**1e** 和 **1f** 是 C$_{CHR}$—O 键断裂的前驱体。在 **1b** 和 **1c** 中，由于氯甲基和 Br$^-$ 配体的空间位阻太大，环氧化物开环（即 C$_{CH_2}$—O 键断裂）困难。为了对环氧化物氧化加成过程有一个全面的认识，讨论了四种不同类型配合物异构体发生环氧化物 C—O 键断裂的方式，即环氧化物的开环方式。如图 3-18 所示，模拟计算了四种不同的反应途径，C$_{CH_2}$—O 键即 β-C—O 键断裂生成杂氧金属环丁烷中间体 **2a** 和 **2b**；C$_{CHR}$—O 键即 C$_\alpha$—O 键的断裂产生物种 **2c** 和 **2d**。图 3-19 列出了氯甲基环氧乙烷开环的相关过渡态及中间物种结构。

基于图 3-18 给出的氯甲基环氧乙烷开环自由能曲线，通过比较过渡态能垒和中间体的稳定性，可以得出催化剂 Re(CO)$_4$Br 的 Re 中心更容易活化 C$_{CH_2}$—O$_{epoxide}$ 键，即 C$_\beta$—O 键容易断裂，经由过渡态 **TS(1d/2b)** 形成 **2b** 的活化能垒最低，其表观活化能为 36.1 kcal/mol，环氧化物开环氧化加成过程吸能 25.0 kcal/mol。氧化加成产物 **2b** 中 Re—O 键靠近卤素配体 Br$^-$，能量最低。由于 α-C 上氯甲基的立体位阻较大，C$_{CHR}$—O$_{epoxide}$ 键很难被 Re(CO)$_4$Br 活化断裂，且取代基团越大，C$_{CHR}$—O$_{epoxide}$ 键越难断裂。

第二步是 CO$_2$ 插入中间体 **2b** 的 Re—O 键进行羧基化反应。由于 **2b** 中 Re 原子的配位数已经达到饱和，中间体 **2b** 需解离羰基配体产生一个空位。**2b**

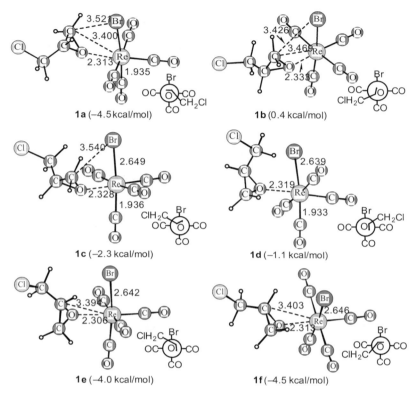

图3-17 氯甲基环氧乙烷与 Re(CO)$_4$Br 配位的几何结构、键参数（键长单位为 Å）、纽曼投影式及相对自由能（以 Re(CO)$_4$Br 和氯甲基环氧乙烷的总能量为基准）

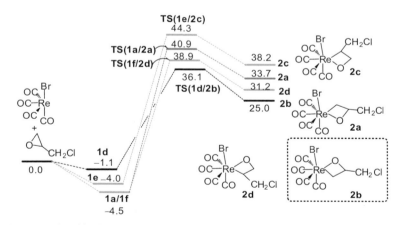

图3-18 氯甲基环氧乙烷氧化加成的四种模式和自由能曲线（能量单位 kcal/mol）

第3章 过渡金属催化 CO$_2$ 与环氧烷烃反应　065

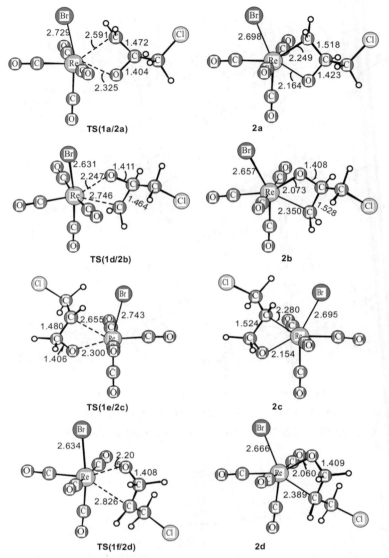

图 3-19 氯甲基环氧乙烷开环过程涉及的中间体和过渡态结构（键长单位为 Å）

具有四个不等价的羰基配体，解离一分子羰基产生 16e 不饱和物种 **3a**、**3b**、**3c** 和 **3d**，如图 3-20 所示，物种 **3a** 的相对能量较低，脱羰基过程 **2b** → **3a** 吸能 6.9 kcal/mol，**3a** 中的 Re 中心出现空位，且铼原子显示一定的正电性，有利于 CO_2 的配位和随后的插入反应，且由 **3a** 所引发的反应路径具有较低的活化能垒。羰基解离体现了反应的区域选择性，这类似于焦海军教授等[44]研究的丙烯甲酰化反应中 $HCo(CO)_3$ 催化氢原子转移。

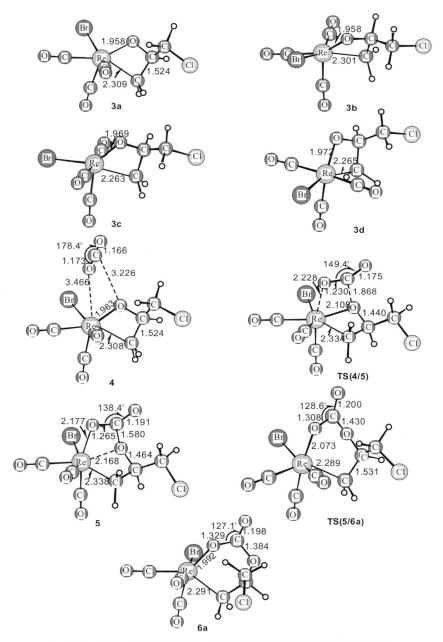

图 3-20 CO₂ 插入过程涉及物种的优化结构和几何参数（键长单位为 Å）

由 **3a** 引起的 CO_2 插入反应路径的能量曲线见图 3-21。CO_2 与 **3a** 结合形成端配位加合物 **4** 轻微吸能 3.3 kcal/mol。整个取代反应（**2b → 4**）是一个吸能过程，吸收能量 14.7 kcal/mol。反应经由过渡态 **TS(4/5)**，实现了 CO_2 的 C=O

双键插入 Re—O 键，活化能垒为 13.1 kcal/mol，这意味着 CO_2 插入反应较容易进行。与 **4** 相比，过渡态 **TS(4/5)** 中 Re—O 键明显变长（2.108 Å vs. 1.963 Å），这说明铼原子和氧原子的作用在逐渐减弱。结构 **5** 中两个 C_{CO_2}—O_{CO_2} 键都较 **4** 伸长（1.265 Å/1.191 Å vs. 1.173 Å/1.166 Å），二氧化碳的键角 O—C—O 变小（138.4° vs. 178.4°），这些参数表明 CO_2 被活化；Re—O 键完全断裂，其键距为 2.168 Å。需要注意的是，中间物种 **5** 与过渡态 **TS(4/5)** 的能量几乎相等。为了验证 **TS(4/5)** 和 **5** 的相对稳定性次序，对两个结构进行了更可靠的 CCSD/6-31(d,p) 单点能计算，Re 采用 LANL2DZ 基组，计算显示 **TS(4/5)** 要比 **5** 的吉布斯自由能高 1.4 kcal/mol。两种方法给出了相同的稳定性次序，证明所选用的计算方法 B3LYP/6-31G(d,p) 是可靠的。物种 **5** 的双四元环结构张力大，且与 Re 中心相连接的 O_{CO_2} 仍处于轴向位置，不利于环碳酸酯的闭环。反应经由过渡态 **TS(5/6a)** 进行几何结构的调整，产生六元环碳酸酯 **6a**。过渡态结构 **TS(5/6a)** 的最大特点是 $O_{epoxide}$ 原子与 Re 原子的距离拉长到 2.857 Å，其虚频（164.0i cm^{-1}）振动模式表明羰基的旋转使得 O_{CO_2} 与亚甲基 C 原子间相互靠近。异构化过程 **5 → 6a** 吸能 7.7 kcal/mol，克服的反应能垒较低，为 13.1 kcal/mol。在整个 CO_2 插入过程中，二氧化碳的 C 原子杂化形式经历了从 sp 到 sp^2 的变化，分散了环氧化物氧原子的电子密度。CO_2 的插入是一个多步反应历程（**2b → 6a**），化学计量条件下是一个吸能过程，吸能值为 30.9 kcal/mol。因此，优化 CO_2 浓度或分压对于加速反应是非常重要的。

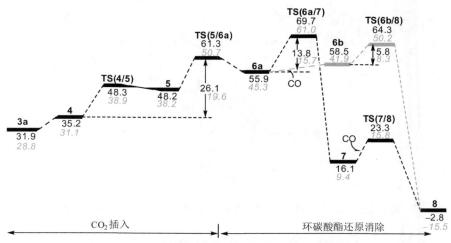

图 3-21 CO_2 插入和环碳酸酯消除过程的自由能曲线（斜体值为溶剂校正后的相对自由能值，能量单位为 kcal/mol）

最后一步为环碳酸酯的还原消除,这里考虑 CO 辅助路径和直接还原消除路径。计算发现,CO 辅助路径更有利。在气相中,金属杂环中间体 **6a** 要比 **6b** 稳定 2.6 kcal/mol,但在超临界二氧化碳中 **6b** 却比 **6a** 稳定 3.4 kcal/mol。三中心过渡态 **TS(6b/8)** 比 **TS(6a/7)** 的能量低 5.4 kcal/mol,O_{CO_2} 原子亲核进攻 C_{CH_2} 原子发生闭环反应优先经由 **TS(6b/8)** 形成稳定的环碳酸酯加合物 **8**。IRC 计算表明 **TS(6a/7)** 和 **TS(6b/8)** 中 C_{CH_2} 原子亲核进攻 O_{CO_2} 原子形成 O_{CO_2}—C_{CH_2} 键的同时,Re—O 和 Re—C 键断裂。如图 3-22 所示,在 **8** 中,环碳酸酯水平面内的 O_{CO_2} 原子与中心 Re 有配位作用,环碳酸酯的 O_{CO_2} 原子与催化剂中铼原子之间距离伸长为 2.372 Å,仅存在微弱的静电相互作用,催化剂 $BrRe(CO)_4$ 得到还原。从吉布斯自由能曲线(图 3-21)可以看出,环碳酸酯还原消除步骤需要克服的自由能

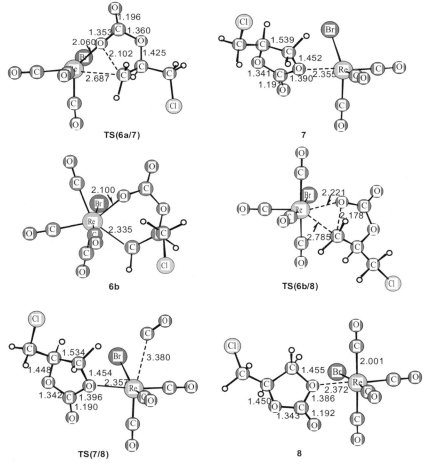

图 3-22 路径 I 中环碳酸酯还原消除过程关键中间体和过渡态结构
(键长单位为 Å)

垒较低,从 **6a** 到 **TS(6b/8)** 为 8.4 kcal/mol(气相),从 **6b** 到 **TS(6b/8)** 为 8.3 kcal/mol(液相);而且此步为高度放能的不可逆过程,放能 58.7 kcal/mol(气相)。从动力学角度分析,环碳酸酯还原消除反应要比环氧化物开环和 CO_2 插入反应容易,且释放的能量可以用于补偿催化循环初始阶段能量的消耗。

值得注意的是,在绪论中我们综述了实验上曾提出路易斯酸(一般为金属中心)和路易斯碱(助剂)同时活化环氧化物开环的可能性。最近我们也深入研究了单一有机催化剂 Salophen 活化环氧化物开环合成环碳酸酯的反应机理,发现协同开环机理反应能垒很低[45]。在无助剂的情况下,曲阜师范大学王家勇于 2011 年报道了活性催化剂 $Re(CO)_4Br$ 催化环氧化物开环时同时考虑中心 Re 和卤素配体 Br^- 的协同作用[46],即环氧化物的 O—C 键与 Re—Br 键之间以 [2σ+2σ] 方式相互作用,形成一个五元环中间体,实质为 σ 键置换机理,反应能垒降低。在王家勇的研究中,CO_2 插入 Re—O 键形成一个四元环中间体,该步骤容易进行;在最后的还原消除步骤,环碳酸酯闭环即 C—O 键形成的同时 C—Br 键断裂,配体 Br^- 返回到金属中心 Re,该过程反应能垒最高。这与我们计算得到最后的还原消除为速度控制步骤相一致。

3.3.3 CO_2 优先活化机理

在超临界 CO_2 条件下,可以将 CO_2 活化/配位作为反应起点,随后发生环氧化物开环和环碳酸酯还原消除。$Re(CO)_4Br$ 催化活化 CO_2 经由二氧化碳的配位和插入反应形成 μ_2-η^2 化合物 $Br(CO_2)Re(CO)_4$,与实验上已制备得到的 μ_2-η^2 配合物 $CpFe(CO)(PPh_3)(CO_2)Re(CO)_4(PPh_3)$[47] 非常相似,但是需要克服较高的自由能垒,相对于起始反应物 40.7 kcal/mol,CO_2 活化过程吸能 37.5 kcal/mol。与环氧化物活化相比,不具有竞争性。这里不再赘述,具体见文献[43]。

3.3.4 超临界 CO_2 溶剂对反应热力学和动力学性质的影响

使用自洽反应场(SCRF)的 PCM 模型评估了液相 $scCO_2$ 溶液对所研究反应的溶剂化效应影响。$scCO_2$ 中各个物种的相对自由能可以由溶剂化自由能与气相相对自由能相加得到。通过对比溶剂校正的相对自由能,得出在液相 $scCO_2$ 条件下,催化循环的第一步反应,无论从热力学角度还是动力学角度分析,$Re(CO)_4Br$ 催化环氧化物优先活化机理均可行。研究结果表明,第一步发生环氧化物氧化加成,其活化能垒为 37.2 kcal/mol(气相)、36.2 kcal/mol(液相)。第二步 CO_2 插入反应是一个多步历程,从 **4** 到 **6** 的活化能垒为 26.1 kcal/mol(气相)、19.6 kcal/mol(液相)。第三步环碳酸酯还原消除的活化能为 8.4 kcal/mol(气相)、8.3 kcal/mol(液相)。依据以上数据可以得出,在液相 $scCO_2$ 中,二氧化碳插入过程(**4 → 6**)的活化能垒大幅降低,而其他反应步骤的反应能垒降低不多。也就是说，超临界二氧化碳中 CO_2 具有相对较高的活性，$scCO_2$ 加速了 CO_2 插入 **3a** 的 Re—O 键，但 $scCO_2$ 对其他反应步骤的热力学性质影响很小，因此，反应产率高应归因于超临界二氧化碳条件下，反应物扩散速度快、氯甲基环氧乙烷混溶性高以及 CO_2 分子浓度高等因素。

与理想气体反应条件相比，在超临界二氧化碳反应条件下，平移运动和旋转运动被显著抑制。也就是说，当在 $scCO_2$ 条件下两个反应分子生成一个产物分子时，熵的减小值会被高估，溶液反应的能量变化也同样会被高估，这种现象在一些文献中已被报道，如 Sakaki 等[48]对 Ru 催化二氧化碳加氢合成甲酸的理论研究也得出相似的结论。因此，计算得到的环氧化物加成与二氧化碳插入的活化自由能都要比实际值高。CCSD 方法得到 C_{CO_2}—$O_{epoxide}$ 键形成过程（**4 → 5**）的能垒分别为 11.2 kcal/mol（气相）和 5.9 kcal/mol（液相）。DFT-B3LYP 方法在计算一些过渡金属参与的反应体系时，也会给出能垒偏高的结果[49]。与非催化偶联反应能垒 66.9 kcal/mol 相比，$Re(CO)_4Br$ 优先活化环氧化物路径降低了反应的能垒，在高温高压和液相 $scCO_2$ 的实验条件下是可以克服的。

本部分利用 B3LYP 方法研究了过渡金属铼羰基化合物 $Re(CO)_5Br$ 催化二氧化碳和环氧化物偶联的反应机理。鉴于我们和曲阜师范大学王家勇的研究工作，催化活性物种 $Re(CO)_4Br$ 引发的催化循环包括：①环氧化物配位和开环；②CO_2 插入；③环碳酸酯还原消除以及催化剂再生。活性催化物种 $Re(CO)_4Br$ 可能存在两种催化作用机制，即本小节我们所研究的 Re 中心催化活化机制与之后王家勇所研究的配体和金属中心协同作用机制。总的来说，金属配体协同作用机制更为有利。高温高压反应条件的重要性在于产生足够浓度的中间物种 **6b**。整个循环的顺利进行高度依赖于环氧化物的氧化加成和二氧化碳的插入，因为自由能曲线图显示这两个过程是吸热的。另外，理论研究结果预测催化循环涉及的中间体物种是不稳定的，从而解释了为什么实验方法难以观测或捕获反应中间体。这些理论研究结果对于将来二氧化碳和环氧化物偶联的实验观察和催化剂设计有较为重要的理论参考价值。

参考文献

[1] Comerford J W, Ingram I D V, North M, et al. Sustainable metal-based catalysts for the synthesis of cyclic carbonates containing five-membered rings. *Green Chem*, **2015**, 17 (4): 1966-1987.

[2] North M, Pasquale R, Young C. Synthesis of cyclic carbonates from epoxides and CO_2. *Green Chem*, **2010**, 12 (9): 1514-1539.

[3] Guo L, Lamb K J, North M. Recent developments in organocatalysed transformations of epoxides and carbon dioxide into cyclic carbonates. *Green Chem*, **2021**, 23 (1): 77-118.

[4] Kamphuis A J, Picchioni F, Pescarmona P P. CO_2-fixation into cyclic and polymeric carbonates: Principles and applications. *Green Chem*, **2019**, 21 (3): 406-448.

[5] Gibson D H. The organometallic chemistry of carbon dioxide. *Chem Rev*, **1996**, 96 (6): 2063-2096.

[6] Herskovitz T. Carbon dioxide coordination chemistry. 3 adducts of carbon dioxide with iridium(Ⅰ) complexes. *J Am Chem Soc*, **1977**, 99 (7): 2391-2392.

[7] Mason M G, Ibers J A. Reactivity of some transition metal systems toward liquid carbon dioxide. *J Am Chem Soc*, **1982**, 104 (19): 5153-5157.

[8] Aida T, Inoue S. Activation of carbon dioxide with aluminum porphyrin and reaction with epoxide. Studies on (tetraphenylporphinato)aluminum alkoxide having a long oxyalkylene chain as the alkoxide group. *J Am Chem Soc*, **1983**, 105 (5): 1304-1309.

[9] Kojima F, Aida T, Inoue S. Fixation and activation of carbon dioxide on aluminum porphyrin. Catalytic formation of a carbamic ester from carbon dioxide, amine, and epoxide. *J Am Chem Soc*, **1986**, 108 (3): 391-395.

[10] Tsuda T, Chujo Y, Saegusa T. Copper(Ⅰ) cyanoacetate as a carrier of activated carbon dioxide. *J Chem Soc*: *Chem Commun*, **1976** (11): 415-416.

[11] Kim H S, Kim J J, Lee B G, et al. Isolation of a pyridinium alkoxy ion bridged dimeric zinc complex for the coupling reactions of CO_2 and epoxides. *Angew Chem Int Ed*, **2000**, 39 (22): 4096-4098.

[12] Kim H S, Kim J J, Lee S D, et al. New mechanistic insight into the coupling reactions of CO_2 and epoxides in the presence of zinc complexes. *Chem- Eur J*, **2003**, 9 (3): 678-686.

[13] Kim H S, Bae J Y, Lee J S, et al. Phosphine-bound zinc halide complexes for the coupling reaction of ethylene oxide and carbon dioxide. *J Catal*, **2005**, 232 (1): 80-84.

[14] Jiang J L, Gao F, Hua R, et al. $Re(CO)_5Br$-catalyzed coupling of epoxides with CO_2 affording cyclic carbonates under solvent-free conditions. *J Org Chem*, **2005**, 70 (1): 381-383.

[15] Sit W N, Ng S M, Kwong K Y, et al. Coupling reactions of CO_2 with neat epoxides catalyzed by PPN salts to yield cyclic carbonates. *J Org Chem*, **2005**, 70 (21): 8583-8586.

[16] Lu X B, Liang B, Zhang Y J, et al. Asymmetric catalysis with CO_2: Direct synthesis of optically active propylene carbonate from racemic epoxides. *J Am Chem Soc*, **2004**, 126 (12): 3732-3733.

[17] Paddock R L, Nguyen S T. Chemical CO_2 fixation: Cr(Ⅲ) salen complexes as highly efficient catalysts for the coupling of CO_2 and epoxides. *J Am Chem Soc*, **2001**, 123 (46): 11498-11499.

[18] Man M L, Lam K C, Sit W N, et al. Synthesis of heterobimetallic Ru-Mn complexes and the coupling reactions of epoxides with carbon dioxide catalyzed by these complexes. *Chem-A Eur J*, **2006**, 12 (4): 1004-1015.

[19] Paddock R L, Nguyen S T. Chiral (salen)Co^{Ⅲ} catalyst for the synthesis of cyclic carbonates. *Chem Commun*, **2004**(14): 1622-1623.

[20] Shen Y M, Duan W L, Shi M. Chemical fixation of carbon dioxide catalyzed by binaphthyl-

diamino Zn, Cu, and Co salen-type complexes. *J Org Chem*, **2003**, 68 (4): 1559-1562.

[21] Liu Z, Torrent M, Morokuma K. Molecular orbital study of zinc(II)-Catalyzed alternating copolymerization of carbon dioxide with epoxide. *Organometallics*, **2002**, 21 (6): 1056-1071.

[22] Sun H, Zhang D. Density functional theory study on the cycloaddition of carbon dioxide with propylene oxide catalyzed by alkylmethylimidazolium chlorine ionic liquids. *J Phys Chem A*, **2007**, 111 (32): 8036-8043.

[23] Li P, Cao Z. Catalytic preparation of cyclic carbonates from CO_2 and epoxides by metal-porphyrin and -corrole complexes: Insight into effects of cocatalyst and meso-substitution. *Organometallics*, **2018**, 37 (3): 406-414.

[24] Dang L, Zhao H, Lin Z, et al. DFT Studies of alkene insertions into Cu-B bonds in copper (I) boryl complexes. *Organometallics*, **2007**, 26(11): 2824-2832.

[25] Fraile J M, García J I, Martínez-Merino V, et al. Theoretical (DFT) insights into the mechanism of copper-catalyzed cyclopropanation reactions. Implications for enantioselective catalysis. *J Am Chem Soc*, **2001**, 123(31): 7616-7625.

[26] Himo F, Lovell T, Hilgraf R, et al. Copper(I)-catalyzed synthesis of azoles. DFT study predicts unprecedented reactivity and intermediates. *J Am Chem Soc*, **2005**, 127 (1): 210-216.

[27] Zhao H T, Lin Z Y, Marder T B. Density functional theory studies on the mechanism of the reduction of CO_2 to CO catalyzed by copper(I) boryl complexes. *J Am Chem Soc*, **2006**, 128 (49): 15637-15643.

[28] Rauhut G, Pulay P. Transferable scaling factors for density functional derived vibrational force fields. *J Phys Chem*, **1995**, 99 (10): 3093-3100.

[29] Reed A E, Curtiss L A, Weinhold F. Intermolecular interactions from a natural bond orbital, donor-acceptor viewpoint. *Chem Rev*, **1988**, 88 (6): 899-926.

[30] Zhou M, Zhang L, Chen M, et al. Carbon dioxide fixation by copper and silver halide. Matrix-isolation FTIR spectroscopic and DFT studies of the XMOCO (X = Cl and Br, M = Cu and Ag) molecules. *J Phys Chem A*, **2000**, 104 (45): 10159-10164.

[31] Versluis L, Ziegler T, Fan L. A theoretical study on the insertion of ethylene into the cobalt-hydrogen bond. *Inorg Chem*, **1990**, 29 (22): 4530-4536.

[32] Cordaro J G, Bergman R G. Dissociation of carbanions from acyl iridium compounds: An experimental and computational investigation. *J Am Chem Soc*, **2004**, 126 (51): 16912-16929.

[33] Fukui K. Recognition of stereochemical paths by orbital interaction. *Acc Chem Res*, **1971**, 4 (2): 57-64.

[34] Fukui K. Role of frontier orbitals in chemical reactions. *Science*, **1982**, 218 (4574): 747-754.

[35] Guo C H, Wu H S, Zhang X M, et al. A comprehensive theoretical study on the coupling reaction mechanism of propylene oxide with carbon dioxide catalyzed by copper(I) cyanomethyl. *J Phys Chem A*, **2009**, 113 (24): 6710-6723.

[36] Bu Z, Qin G, Cao S. A ruthenium complex exhibiting high catalytic efficiency for the

formation of propylene carbonate from carbon dioxide. *J Mol Catal A: Chemical*, **2007**, 277 (1): 35-39.

[37] Kirgan R, Simpson M, Moore C, et al. Synthesis, characterization, photophysical, and computational studies of rhenium(I) tricar-bonyl complexes containing the derivatives of bipyrazine. *Inorg Chem*, **2007**, 46 (16): 6464-6472.

[38] Howell S L, Scott S M, Flood A H, et al. The effect of reduction on rhenium(I) complexeswith binaphthyridine and biquinoline ligands: A spectroscopic and computational study. *J Phys Chem A*, **2005**, 109 (16): 3745-3753.

[39] Bergamo M, Beringhelli T, D'Alfonso G, et al. NMR and DFT analysis of [Re$_2$H$_2$(CO)$_9$]: Evidence of an η^2-H$_2$ intermediate in a new type of fast mutual exchange between terminal and bridging hydrides. *J Am Chem Soc*, **2002**, 124 (18): 5117-5126.

[40] Pomelli C S, Tomasi J. Variation of surface partition in GEPOL: Effects on solvation free energy and free-energy profiles. *Theor Chem Acc*, **1998**, 99 (1): 34-43.

[41] Pomelli C S, Tomasi J, Solà M. Theoretical study on the thermodynamics of the elimination of formic acid in the last step of the hydrogenation of CO_2 catalyzed by rhodium complexes in the gas phase and supercritical CO_2. *Organometallics*, **1998**, 17 (15): 3164-3168.

[42] Huo C F, Li Y W, Wu G S, et al. Structures and energies of [Co(CO)$_n$]^m ($m = 0, +1, -1$) and HCo(CO)$_n$: Density functional studies. *J Phys Chem A*, **2002**, 106 (50): 12161-12169.

[43] Guo C H, Song J Y, Jia J, et al. A DFT study on the mechanism of the coupling reaction between chloromethyloxirane and carbon dioxide catalyzed by Re(CO)$_5$Br. *Organometallics*, **2010**, 29 (9): 2069-2079.

[44] Huo C F, Li Y W, Jiao H, et al. HCo(CO)$_3$-catalyzed propene hydroformylation. Insight into detailed mechanism. *Organometallics*, **2003**, 22(23): 4665-4677.

[45] Guo C H, Liang M, Jiao H. Cycloaddition mechanisms of CO_2 and epoxide catalyzed by salophen—an organocatalyst free from metals and halides. *Catal Sci Technol*, **2021**, 11 (7): 2529-2539.

[46] 王家勇. 金属有机铼配合物催化环氧化合物理论研究. 曲阜：曲阜师范大学, **2011**.

[47] Gibson D H, Ye M, Richardson J F. Synthesis and characterization of μ^2-η^2-and μ^2-η^3-CO_2 complexes of iron and rhenium. *J Am Chem Soc*, **1992**, 114 (24): 9716-9717.

[48] Ohnishi Y, Nakao Y, Sato H, et al. Ruthenium(II) catalyzed hydrogenation of carbon dioxide to formic acid. Theoretical study of significant acceleration by water molecules. *Organometallics*, **2006**, 25 (14): 3352-3363.

[49] Pápai I, Schubert G, Mayer I, et al. Mechanistic details of nickel(0)-assisted oxidative coupling of CO_2 with C_2H_4. *Organometallics*, **2004**, 23 (22): 5252-5259.

第 4 章

过渡金属配合物催化烯烃氢化反应

4.1 反应概述

烯烃加氢反应被广泛应用于多种工业生产中，例如制药、精细化工、日用品等的化学合成[1,2]。研发不对称烯烃加氢反应和适用的催化剂是现代化学的研究热点之一。自 Wilkinson 催化剂$(Ph_3P)_3RhCl$后[3,4]，众多贵金属配合物催化剂被报道，如铑[5,6]、钌[7]、铱[8,9]等。近年来具有环境友好的非贵金属铁基[10,11]、钴基[12-14]、锰基催化剂[15]被相继合成并用于烯烃氢化反应[16,17]。特别是以芳基取代双亚氨吡啶（PDI）为配体的过渡金属配合物(PDI)M[13]，可以用于单取代烯烃和二取代烯烃加氢反应[18]，其中 PDI 为 $2,6\text{-}(R^1N\!\!=\!\!CR^2)_2C_5H_3N$，取代基 R^1 为烷基、芳基、氨基，取代基 R^2 为氢或甲基。Brookhart 研究组和 Gibson 研究组在实验中发现，含有亚氨基吡啶配体的 Co(Ⅱ)和 Fe(Ⅱ)配合物在亚胺位置具有较大的芳基取代基时，乙烯聚合活性高，使用寿命长[19,20]。Chirik 等[21]首次报道了双亚氨基吡啶铁双氮化合物$(^{iPr}PDI)Fe(N_2)_2$的合成，发现$(^{iPr}PDI)Fe(N_2)_2$对于烯烃加氢是一种有效的预催化剂，其中 ^{iPr}PDI 为 $2,6\text{-}(2,6\text{-}^iPr_2\text{—}C_6H_3N\!\!=\!\!CMe)_2C_5H_3N$，如图 4-1 所示。在室温下，$(^{iPr}PDI)Fe(N_2)_2$ 催化 1-己烯与 1 atm 氢气反应有很高的转化频率[21]。对于 1-己烯加氢反应，苯基取代双亚氨基吡啶铁双氮化合物$(^{iPr}PhPDI)Fe(N_2)_2$ 比 $(^{iPr}PDI)Fe(N_2)_2$ 更高效，$^{iPr}PhPDI$ 为 $2,6\text{-}(2,6\text{-}^iPr_2\text{-}C_6H_3N\!\!=\!\!CPh)_2C_5H_3N$，但苯基取代催化剂$(^{iPr}PhPDI)Fe(N_2)_2$对于环己烯和(+)-(R)-柠檬烯等传统的位阻大的底物，效果较差[22]。此外，配合物$(^{iPr}PDI)Fe(N_2)_2$可用于芳基叠氮化物加氢生成相应的苯胺，也可以用于一系列取代烯烃加氢反应，如氨基取代烯烃和氧取代烯烃[23,24]。最近 Chirik 等报

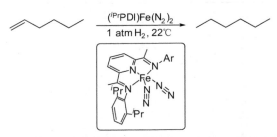

图 4-1 双亚氨基吡啶铁双氮配合物(^{iPr}PDI)Fe(N$_2$)$_2$催化烯烃氢化反应

道了一种 *N*-烷基咪唑取代吡啶二卡宾铁二烷基配合物，可用于不对称烯烃的选择性加氢反应[25]。

早期 Bergman 等研究异核双金属配合物 Cp$_2$Ta(CH$_2$)$_2$Ir(CO)$_2$ 催化烯烃的氢化反应和异构化反应机理时发现，乙烯氢化反应速率依赖于催化剂、氢气、乙烯的浓度，在 45°C 下，三级速率常数为 $9.21×10^{-2}$ L^2·mol^{-2}·s^{-1}；1-丁烯的异构化速率约为氢化速率的 50%，产物为顺式 *cis*-2-丁烯和反式 *trans*-2-丁烯混合物[26]。Pd、Ni、Rh 和 Ir 催化剂对许多转化至关重要，有显著的反应活性，在催化烯烃氢化反应方面已有相关的计算综述报道[27,28]，通常不会涉及多种自旋态的势能面交叉。相比之下，低价 Co(Ⅰ)和 Fe(Ⅰ)配合物催化烯烃的氢化反应，催化循环涉及单重态和三重态的势能面交叉[29]。在温和条件下，(PNHP^{iPr})Fe(H)$_2$(CO) 催化含有对位吸电子取代基的苯乙烯衍生物的反应速度比母体苯乙烯和带有给电子基团的取代苯乙烯都快得多[30]，PNHP^{iPr} 为 NH(CH$_2$CH$_2$P^{i}Pr$_2$)$_2$。实验和计算研究表明，C=C 键的极化是这种铁催化剂催化加氢的必要条件，含极性 C=C 双键的烯烃氢化是通过分步金属-配体协作完成的，Fe—H 键的氢向烯烃 β-C 转移在先，然后钳形配体 N—H 键的氢向烯烃 α-C 转移，形成烯烃氢化产物。

在这种新型催化剂(PDI)M 中存在具有氧化还原活性的双(亚氨基)吡啶配体 PDI，当双亚氨基吡啶配体与第一过渡系金属结合时，该配体可能有几种不同的氧化态[31]。当活性催化剂和中间体物种存在不同的自旋态时，自旋态交叉是必要的，即"双态反应活性"[32]。当自旋-轨道耦合足以使分子在反应势能面（PES）中穿过时，就会发生自旋态的转变[33]。最近的研究表明，双亚氨基吡啶铁烷基配合物具有高自旋 Fe(Ⅱ)中心，Fe(Ⅱ)与自由基阴离子发生反铁磁耦合[34]。双亚氨基吡啶 NNN 配体与双（膦）胺 PNP 配体对中心铁的配位能力有差别，在催化过程中，反应机制存在差别。尽管实验报道了双亚氨基吡啶铁催化烯烃氢化和硅氢化反应，但由于催化剂和中间体的寿命较短，(^{iPr}PDI)Fe(N$_2$)$_2$ 的催化作用机制和催化反应路径仍不清楚。研究多种自旋态对氢气的活化、烯烃的插入方式、化学选择性和区域选择性等都具有重要的理论和实践意义。

如图 4-2 所示，Chirik 等[21]提出在双亚氨基吡啶铁双氮配合物(^{iPr}PDI)Fe(N$_2$)$_2$催化烯烃氢化反应的初始阶段，(^{iPr}PDI)Fe(N$_2$)$_2$解离两当量的氮分子配体形成活性催化剂(^{iPr}PDI)Fe，然后 1-丁烯发生配位产生配合物(^{iPr}PDI)Fe(CH$_2$=CHCH$_2$CH$_3$)，之后存在两种可能的反应路径。路径Ⅰ：氢气直接氧化加成得到二氢化铁（Ⅱ）配合物(^{iPr}PDI)Fe(H)$_2$(CH$_2$=CHCH$_2$CH$_3$)，然后是氢配体转移到 1-丁烯形成 1-丁基配合物，最后 C—H 还原消除得到 1-丁烷。路径Ⅱ：1-丁烯配位到(^{iPr}PDI)Fe后，先发生 1-丁烯异构化转化为 2-丁烯配位加合物，接着氢配体转移到 2-丁烯形成 2-丁基配合物，最后 C—H 还原消除得到 1-丁烷。为了探讨 Chirik 等提出的两种反应机理的可行性，本部分研究工作提供了双亚氨基吡啶铁(^{iPr}PDI)Fe(N$_2$)$_2$催化 1-丁烯氢化和异构化的详细反应机理，对可能的反应路径考虑了三种多重度，包括闭壳层单重态、开壳层单重态和开壳层三重态。预测了开壳层物种参与反应的可能性，确定了具有氧化还原活性的双亚氨基吡啶铁配合物(^{iPr}PDI)Fe(N$_2$)$_2$催化烯烃加氢的反应机理遵循直接氢化路径，类似于图 4-2 左侧路径Ⅰ，但不同之处在于未形成二氢化铁（Ⅱ）配合物(^{iPr}PDI)Fe(H)$_2$(CH$_2$=CHCH$_2$CH$_3$)。更重要的是，提出 H$_2$ 氧化加成的最低能量途径为开壳层单重态路径，这些结果有助于理解低氧化态铁配合物的催化活性。本章中开壳层单重态路径的具体计算方法和数据处理方法将为更多研究者提供参考，这也是本章内容的主要目的之一。

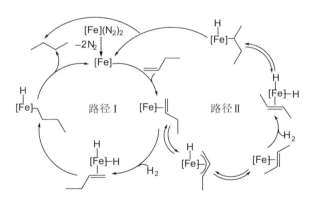

图 4-2 [Fe](N$_2$)$_2$催化丁烯加氢的可能机理（[Fe]代表(^{iPr}PDI)Fe）

4.2 计算细节

本部分工作选用非限制密度泛函 UB3LYP 方法，对(^{iPr}PDI)Fe(N$_2$)$_2$催化 1-丁烯加氢的闭壳层单重态、开壳层单重态和开壳层三重态反应路径进行了详细的计算研究。UB3LYP 方法已被证明适用于研究双(亚氨基)吡啶铁催化剂引发的烯烃聚合和低聚反应机理[35]，以及铁卟啉卡宾的 N—H 插入反应活性[36]。所有开壳层单重态配合物的计算均采用对称性破缺法。选用真实化合物 (^{iPr}PDI)Fe(N$_2$)$_2$ 作为预催化剂模型，1-丁烯作为反应底物模型。用有效核势 LANL2DZ 基组对铁原子进行描述，其他原子均采用 6-31G(d)基组。这个混合基组标记为 BSI。用 B3LYP/BSI 优化所有中间体和过渡态结构。B3LYP/BSI 计算出(^{iPr}PDI)Fe(N$_2$)$_2$ 的键距与 X 射线衍射分析得到的数据吻合较好，达到 97%以上，详见文献[37]。考虑到溶剂化效应和分子间弱相互作用，采用 PCM 极化连续模型进行了 B3LYP-D3/6-311+G(d,p)//B3LYP/BSI 单点能计算，将单点能与 B3LYP/BSI 水平计算的吉布斯自由能校正值相加得到溶液中的吉布斯自由能。这里 B3LYP-D3 泛函包含了色散效应[38,39]，对于(^{iPr}PDI)Fe(N$_2$)$_2$ 解离 N$_2$，B3LYP-D3 是最佳泛函。溶剂为实验中使用的甲苯，其介电常数为 2.379。虽然在 1 atm 和 298.15 K 下的气相频率计算已经对吉布斯自由能进行了热校正和熵校正，但是在反应物和生成物分子数不同的情况下，熵的贡献被高估了。根据自由体积理论，对自由能进行修正，1:1（或 2:2）转化，不作校正。对于 2:1（或 1:2）转化，在 298.15 K 的温度下校正-1.89（或 1.89）kcal/mol[40]。

利用关键词"guess = alter"计算开壳层单重态的结构，利用"stable = opt"关键词[41,42]对所有开壳层单重态结构进行了波函数稳定性测试，所有开壳层单重态的波函数都是稳定的。为了能考虑到所有可能的开壳层单重态，我们又采用自旋非限制性的对称性破缺模型（BS）[43,44]和碎片化（fragment）初始猜测方法进行了开壳层单重态结构优化。在对称性破缺模型（BS）计算中，对所有物种均分成三个片段（fragment）：Fe/Fe—H、PDI 和 N$_2$/C$_4$H$_8$。在 BS(m,n)公式中，m 是中心 Fe 的电子数，n 是 PDI 片段的电子数，并且所有的电子耦合类型是反铁磁耦合。选取两种 BS 模型，即 BS(1,1)和 BS(2,2)，其中 BS(1,1)对应于 Fe^I（d^7，S_{Fe} = 1/2）和二重态 PDI 自由基阴离子配体（PDI$^-$，S_{PDI} = 1/2）反铁磁耦合，BS(2,2)对应于 Fe^{II}（d^6，S_{Fe} = 1）和三重态 PDI 双自由基阴离子配体（PDI^{2-}，S_{PDI} = 1）反铁磁耦合。

在反应路径中各驻点左上标"OS"表示开壳层单重态，如 ^{OS}2a；左上标"3"表示三重态，如 ^{3}2a。计算结果表明，除结构 ^{OS}5a 和 ^{OS}5b 外，大多数开壳层单重态使用两种对称性破缺模型收敛得到一个解，与用"guess = alter"方法得到的结果一致。对于 ^{OS}5a 和 ^{OS}5b，使用"guess = fragment"比使用"guess = alter"方法计算得到的相对能量低。甲苯溶剂对物种的结构影响不大，例如在甲苯中优化得到物种 **2a**、**TS(2a/3a)** 和 **3a** 的结构参数和气相中几乎相同。

去除自旋污染对于计算出合理的单重态-三重态能隙至关重要。Yamaguchi 等[45]提出了消除自旋污染的自旋校正方法：

$$f_{sc} = \frac{\langle S^2 \rangle_{OSS}}{\langle S^2 \rangle_{3\text{ in OSS geometry}} - \langle S^2 \rangle_{OSS}}$$

$$E_{correction} = f_{sc} \times (E_{OSS} - E_{3\text{ in OSS geometry}})$$

式中，f_{sc} 代表自旋污染分数；下标 "oss" 代表开壳层单重态；下标 "3 in oss geometry" 代表在开壳层单重态几何结构下计算三重态波函数；下标 "correction" 代表校正；$\langle S^2 \rangle$ 代表自旋污染。

以下开壳层单重态物种的相对能量值均采用 Yamaguchi 方法进行了校正，能量校正后，发现开壳层单重态物种稳定性增强，但在这些物质中自旋污染的消除是不完全的。

4.3 双亚氨基吡啶铁催化剂(^{iPr}PDI)Fe(N$_2$)$_2$的活化

优化后的催化剂(^{iPr}PDI)Fe(N$_2$)$_2$ [1-(N$_2$)$_2$]的分子结构呈扭曲的四方锥体，其中一个 N$_2$ 配体位于平面四边形的一个顶点，另一个 N$_2$ 配体占据四方锥的轴向顶点位置，这与 1-(N$_2$)$_2$ 的单晶结构完全一致[21]。与之前提出的 1-(N$_2$)$_2$ 的电子结构相似，溶液中开壳层 BS(1,1)结构比闭壳层单重态稳定 2.63 kcal/mol，之前报道为 2.4 kcal/mol[46]。1-(N$_2$)$_2$ 在高自旋态下不稳定性，在尝试优化 1-(N$_2$)$_2$ 的三重态和五重态时，都得到一个 N$_2$ 配体的解离结构。

开壳层单重态与闭壳层单重态的磁化率明显区别在于，除了与温度无关的相对较高能量激发态的顺磁相互作用足够强外，闭壳层单重态的磁化率通常是抗磁性的；而开壳层单重态表现为顺磁性，且与温度无关[47]。对于一个开壳层单重态来说，它的自旋为 0，但是其轨道角动量不为零。因此，计算得到 1-(N$_2$)$_2$ 的开壳层单重态的电子结构呈反铁磁耦合，这与 SQUID 数据 4~300 K 检测到 1-(N$_2$)$_2$ 的固态顺磁性相一致[21]。在 ^{OS}1-(N$_2$)$_2$ 中，Fe 的自旋密度 ρ_{Fe} 为 0.954，PDI 片段的自旋密度 ρ_{PDI} 为 -0.858。核磁共振光谱表明，1-(N$_2$)$_2$ 的 N$_2$ 配体存在动力学解离和配位[21]。Chirik 等的原始论文中 1-(N$_2$)$_2$ 的 SQUID 数据显示，在 χT-T 图中，在高温区大约 30 K，顺磁性源于 1-N$_2$，低温区的反铁磁性源于 1-(N$_2$)$_2$。Weiss 常数(θ)服从居里-外斯定律，Weiss 常数为一个小的负值 -0.64(2)，排除了在低温区的抗磁性行为。1-(N$_2$)$_2$ 的基态为开壳层单重态，验证了低温下的反铁磁性。因此，Chirik 等在后期的论文中对 1-(N$_2$)$_2$ 的抗磁性基态的描述欠妥[46]。

第 4 章 过渡金属配合物催化烯烃氢化反应

在催化反应发生之前,预催化剂需要解离 N_2 配体,形成配位不饱和活性物质 $(^{iPr}PDI)Fe(N_2)$ [$1-N_2$]或$(^{iPr}PDI)Fe$ [**1**]。如能量图 4-3 所示,我们发现在实验条件下$(^{iPr}PDI)Fe(N_2)_2$ [$1-(N_2)_2$]不会同时解离两个 N_2 配体生成 Chirik 等提出的 $(^{iPr}PDI)Fe$ [**1**],而是从 $1-(N_2)_2$ 先解离一个 N_2 配体形成三重态 $^3 1-N_2$ 或开壳层单重态 $^{OS}1-N_2$,放出能量分别为 2.08 kcal/mol 或 3.71 kcal/mol,这反映了热力学上 $1-(N_2)_2$ 不稳定,容易转化成$(^{iPr}PDI)Fe(N_2)$ [$1-N_2$],$(^{iPr}PDI)Fe(N_2)_2$ 和$(^{iPr}PDI)Fe(N_2)$之间存在化学平衡。在室温 298.15 K 下,开壳层 $^3 1-N_2$ 和 $^{OS}1-N_2$ 比闭壳层 $1-N_2$ 稳定 16.12 kcal/mol 和 17.73 kcal/mol,接近 Chirik 小组报道的 16.0 kcal/mol[46]。因此,在反应的初始阶段,$1-(N_2)_2$ 脱去一个 N_2 配体生成 $^3 1-N_2$ 也是可能的,自旋态发生了转变,在有机金属化学反应中自旋禁阻的配体解离现象是十分常见的[48-50]。这与实验相一致,即$(^{iPr}PDI)Fe(N_2)_2$ 在甲苯中经历 N_2 解离,$(^{iPr}PDI)Fe(N_2)_2$

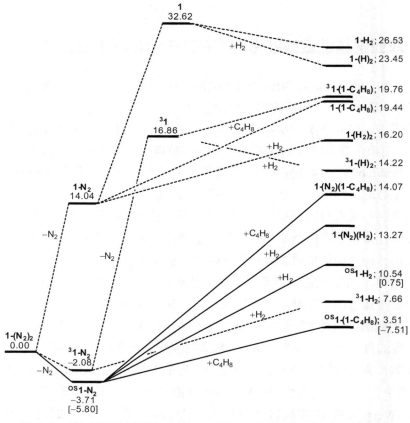

图 4-3 $(^{iPr}PDI)Fe(N_2)_2$ 的 N_2 解离、H_2 或 1-丁烯的配位/取代过程自由能变化
(方括号内为 Yamaguchi 方法校正得到的相对能量值,左上标"^{OS}"和"^{3}"分别表示开壳层单重态和三重态,单位为 kcal/mol)

和(^{iPr}PDI)Fe(N$_2$)之间存在平衡，倾向于(^{iPr}PDI)Fe(N$_2$)。计算得到开壳层物种 ^{OS}1-N$_2$ 较 1-(N$_2$)$_2$ 稳定，这与实验上容易获得单分子氮配合物 (^{Et}PDI)Fe(N$_2$) 和 (^{iPr}PDI)Fe(N$_2$) 相吻合[46]。

如图 4-4 所示，在 ^{3}1-N$_2$ 中，Fe(Ⅰ)的自旋密度 ρ 为 1.238，PDI$^-$ 的自旋密度 ρ 为 0.779；在 ^{OS}1-N$_2$ 中，铁的自旋密度 ρ 为 1.358，PDI 片段的 ρ 为 -1.182，这表明 Fe(Ⅱ) 与双自由基的二价离子 PDI^{2-} 之间存在反铁磁耦合，与(PDI)FeN$_2$ 的电子结构相一致[51]。多参考组态研究不同自旋态的(PDI)Fe 配合物显示，电子密度 ρ(Fe) 大于 3 的 BS(4,2)七重态、BS(3,1)五重态、BS(3,1)三重态的能量均高于三重态和开壳层单重态 BS(1,1)，且 Fe—N 键距离显著比实验值长[51]。因此，不需要进一步考虑铁中心的更高自旋态。

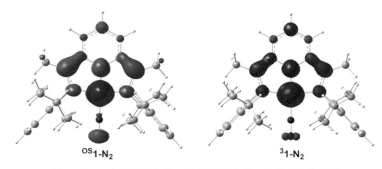

图 4-4　开壳层单重态 ^{OS}1-N$_2$ 和三重态 ^{3}1-N$_2$ 的自旋密度图

4.4　双亚氨基吡啶铁活性物种(^{iPr}PDI)FeN$_2$ 与氢气和 1-丁烯的配位或取代反应

在没有烯烃或 H$_2$ 配位的情况下，从 ^{3}1-N$_2$/^{OS}1-N$_2$ 解离第 2 个 N$_2$ 配体形成三重态 ^{3}1 或单重态 1 是大量吸能的过程，分别吸能 18.94/20.57 kcal/mol 或 34.70/36.33 kcal/mol，表明 ^{3}1-N$_2$ 和 ^{OS}1-N$_2$ 具有较高的热力学稳定性。在烯烃或 H$_2$ 配位的情况下，最有利的反应为底物 1-丁烯（1-C$_4$H$_8$）取代 ^{OS}1-N$_2$ 中的 N$_2$ 配体，形成中间体 ^{OS}1-(1-C$_4$H$_8$)，吸能最少为 7.22 kcal/mol，用 Yamaguchi 方法校正后，该过程放能 1.71 kcal/mol。其他反应路径都不具有竞争性，如图 4-3 所示，用 H$_2$ 取代 N$_2$ 形成三重态 ^{3}1-H$_2$ 和单重态 ^{OS}1-H$_2$ 需要吸收较多的能量；1-丁烯配位形成单重态 1-(N$_2$)(1-C$_4$H$_8$)需吸能 17.78 kcal/mol。因此，在反应的初始阶段生成较稳定的催化活性物种 ^{3}1-N$_2$ 和 ^{OS}1-N$_2$，下一步在 1-丁烯和 H$_2$ 的反应条件下，将发生 1-丁烯取代 N$_2$ 形成开壳层单重态中间体 ^{OS}1-(1-C$_4$H$_8$)。

这支持了 Chirik 课题组提出的反应中间体$(^{iPr}PDI)Fe(CH_2=CHCH_2CH_3)$。

图 4-5 给出了$(^{iPr}PDI)Fe(CH_2=CHCH_2CH_3)$的三种多重度结构^{OS}**1-(1-C$_4H_8$)**、**1-(1-C$_4H_8$)**、^{3}**1-(1-C$_4H_8$)**的相对自由能、几何参数、NBO 电荷（$q$）和铁的 Mulliken 自旋密度 ρ_{Fe}。开壳层的单重态^{OS}**1-(1-C$_4$H$_8$)**为反铁磁耦合，Fe 的未配对 d 电子自旋密度 ρ 为 1.596，PDI 片段的自旋密度 ρ 为 −1.417，电荷分布为 Fe(+Ⅰ)−(PDI)$^{1-}$。在三重态 ^{3}**1-(1-C$_4$H$_8$)** 中，高自旋的 Fe(Ⅰ)的自旋密度 ρ 为 1.260，PDI 的自旋密度 ρ 为 0.849。Yamaguchi 方法校正相对能量值后，开壳层单重态 ^{OS}**1-(1-C$_4$H$_8$)** 更稳定。

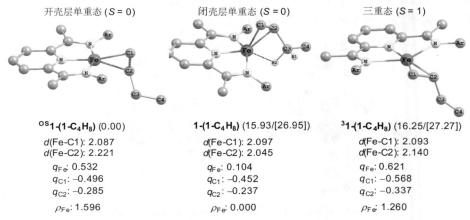

图 4-5　三种多重度 **1-(1-C$_4$H$_8$)** 的相对自由能（kcal/mol）、几何参数、NBO 电荷（q）和铁的 Mulliken 自旋密度 ρ_{Fe}（方括号内为 Yamaguchi 方法校正得到的相对能量值）

4.5　氢分子配合物$(^{iPr}PDI)Fe(H_2)(CH_2=CHCH_2CH_3)$的 1-丁烯氢化机理

由于 ^{OS}**1-N$_2$** 仅仅比 ^{3}**1-N$_2$** 低 1.63 kcal/mol，两物种之间会存在自旋态预平衡，因此在后续反应中需要考虑所有中间体和过渡态的开、闭壳层单重态以及三重态。

首先，H$_2$ 配位到 ^{OS}**1-(1-C$_4$H$_8$)** 形成了开壳层单重态配合物[Fe](H$_2$)(1-C$_4$H$_8$)[^{OS}**2**]，呈变形的四方锥体，有两个异构体：一个是 1-C$_4$H$_8$ 的 C2 接近 H$_2$ 配体[^{OS}**2a**]；另一个是 C1 接近 H$_2$ 配体[^{OS}**2b**]。H$_2$ 分子配位到 ^{OS}**1-(1-C$_4$H$_8$)** 形成 ^{OS}**2a** 和 ^{OS}**2b** 都是吸能的，分别为 11.50 kcal/mol 和 13.46 kcal/mol。闭壳层单重态和

三重态的能量均高于开壳层单重态，三重态的势能面见文献[37]。我们发现 H_2 直接氧化加成反应不可能生成二氢化物，只能生成 H_2 分子配位的配合物 ^{OS}2a/2a 和 ^{OS}2b/2b，不支持 Chirik 等提出的二氢化铁（Ⅱ）配合物中间体 $(CH_2═CHCH_2CH_3)[Fe](H)_2$[21]。具有吸电子性质的氧化还原活性的双亚氨基吡啶配体不利于 H_2 直接氧化加成到铁（0）中心[34,52]。具有供电子性质的吡啶双（卡宾）配体有利于 H_2 氧化加成到铁（0）中心[53]。

1-丁烯氢化机理如图 4-6 所示，根据图中开壳层和闭壳层单重态路径的相对自由能变化趋势，我们得出 C═C 键活化加氢是经由开壳层单重态路径进行的，整体反应能垒为 15.04 kcal/mol。从配合物 ^{OS}2a 开始，配位的 1-丁烯的 C2 加氢生成 1-丁基铁化合物 3a，相应的开壳层单重态过渡态为 ^{OS}TS(2a/3a)，氢进攻 C2 形成 1-丁基，即 H—H 键断裂（1.120 Å）和 C—H 键形成（1.543 Å），C═C 双键距离拉长（1.434 Å），H_2 的配位和 H—H 键断裂同时发生[54]。此过程反应能垒为 0.03 kcal/mol，经 Yamaguchi 方法校正后为 3.37 kcal/mol，表明在 $(^{iPr}PDI)Fe$ 的活化下 H_2 和 1-丁烯之间容易发生 σ 键交换，这类似于铱催化烯烃加氢中键合的 H_2 和 Ir-乙烷基之间的 σ 键置换能垒相对较低[55,56]。1-丁烯发生加氢反应放能 2.92 kcal/mol，经 Yamaguchi 方法校正后吸能 3.57 kcal/mol。在

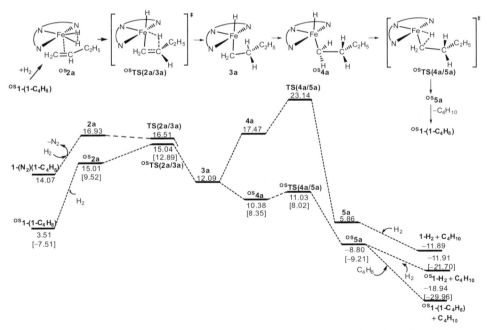

图 4-6 氢配位和 1-丁烯加氢的自由能曲线（方括号内为 Yamaguchi 方法校正的相对能量值，左上标"^{OS}"表示开壳层单重态，自由能单位为 kcal/mol）

3a 中，1-丁基配体与 Fe 中心发生抓氢相互作用，Fe⋯H—C 抓氢键为 1.810 Å。**3a** 的开壳层单重态未能优化成功，两种方法均得到闭壳层单重态 **3a**。闭壳层单重态 **TS(2a/3a)** 和三重态 ^{3}**TS(2a/3a)** 分别比开壳层单重态 ^{OS}**TS(2a/3a)** 高 1.47 kcal/mol 和 16.74 kcal/mol。三重态 1-丁基配合物 ^{3}**3a** 的稳定性要比 **3a** 低 17.24 kcal/mol。

在 **3a** 之后，发生 C—H 还原消除。由于 **3a** 中 H1 和 C1 原子位于 N—Fe—N 平面的两侧，因此 C1 原子不能直接进攻 H1 原子，1-丁基必须发生旋转异构。然而，多次尝试寻找 1-丁基围绕 Fe—N$_{吡啶}$ 轴顺时针旋转过渡态未能成功。以 **3a** 为起点，我们对 1-丁基围绕 Fe—N$_{吡啶}$ 轴顺时针旋转进行势能面扫描，发现是上坡趋势，表明不存在过渡态。在旋转 1-丁基配体后，找到了物种 **4a**，尽管 **4a** 比 **3a** 稳定性低 5.38 kcal/mol；但开壳层单重态 ^{OS}**4a** 和三重态 ^{3}**4a** 比闭壳层单重态 **4a** 稳定 7.09 kcal/mol 和 12.99 kcal/mol。从 **3a** 开始，开壳层单重态要比三重态和闭壳层单重态能量低。与闭壳层过渡态 **TS(4a/5a)** 和三重态过渡态 ^{3}**TS(4a/5a)** 相比，开壳层单重态过渡态 ^{OS}**TS(4a/5a)** 具有最低能量，所以 C—H 还原消除即 1-丁基氢化经由开壳层单重态路径，需要克服 0.65 kcal/mol 的能垒。此处不同于三重态 (TPB)Fe(μ-H)(H) 催化的苯乙烯基配体氢化遵循三重态路径[57]。基于单重态和三重态势能面（PES）没有交叉，由 **3a** 引发的较弱的 1-丁基配体的旋转或解离不具有自旋加速的特点[58]。最后，当量 C$_4$H$_8$ 分子进入铁的配位点，同时释放 1-丁烷。图 4-7 给出了闭壳层单重态中间体和过渡态的几何结构。

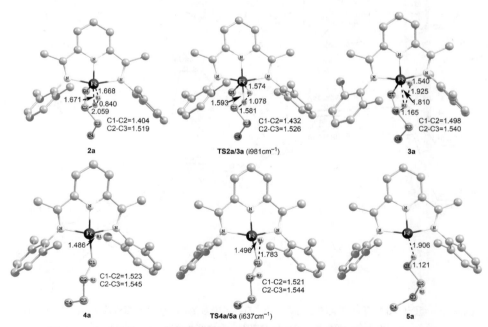

图 4-7 氢配位和 1-丁烯加氢涉及的几何结构（除氢配体外，省略了其余 H 原子）

另一种烯烃加氢,即 C1 加氢形成 2-丁基铁配合物,需要克服相对较高的能垒。从稳定性较低的 ^{OS}**2b** 开始,氢进攻 C1 的过渡态 **TS(2b/3b)** 能垒为 18.23 [29.25] kcal/mol,高于形成 1-丁基铁配合物所需克服的能垒 11.53 [20.40] kcal/mol。**3a** 比 **3b** 稳定 8.83 kcal/mol。这表明 **3a** 的形成在动力学和热力学上比 **3b** 更有利。不同之处在于 **3b** 的三种自旋态几乎具有相同的能量和相同的几何特征。从 **3b** 开始,三重态能量低于闭壳层和开壳层单重态,但经 Yamaguchi 方法校正后,开壳层单重态 ^{OS}**TS(4b/5b)** 和 ^{OS}**5b** 的能量低于相应闭壳层单重态和三重态。C—H 还原消除通过 ^{3}**TS(4b/5b)** 进行,反应需要克服的能垒为 10.60 kcal/mol;若经由 ^{OS}**TS(4b/5b)**,在 Yamaguchi 方法校正后,能垒降低为 6.66 [1.73] kcal/mol,这些值都比由物种 ^{OS}**4a** 引发的路径能垒高。因此,沿着 **2a** 发生 C2—H 加成比沿着 **2b** 发生 C1—H 加成更有利。由 **2b** 引发的 1-丁烯加氢自由能曲线见图 4-8。

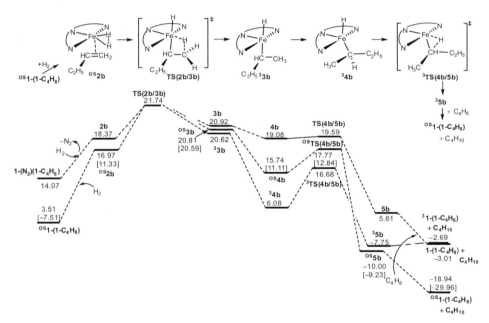

图 4-8 由 2b 引发的 1-丁烯加氢自由能曲线(方括号内为 Yamaguchi 方法校正的相对能量值,左上标 "OS" 和 "3" 分别表示开壳层单重态和三重态,自由能单位为 kcal/mol)

先前关于 Pt 和 Rh 催化的烯烃氢化硅烷化的研究表明,乙烯与 Pt(Ⅱ) 或 Rh(Ⅱ) 中心的配位可降低 Si—C 或 C—H 还原消除能垒[59-61]。对于该体系,H_2 或 N_2 的配位不利于 C—H 还原消除获得 1-丁烷。N_2 或 H_2 分子与 **3a** 的 Fe 中心配位破坏了抓氢作用,分别吸能 8.97 kcal/mol 或 13.25 kcal/mol;随后 H_2 或 N_2 促进下的 C—H 还原消除过渡态能量高于 ^{OS}**TS(4a/5a)** 9.70 kcal/mol

或 15.38 kcal/mol，相应的自由能曲线见文献[37]的相关支持信息。不同于咔唑基铱 PNP 钳形配合物催化烯烃加氢，在 C—H 还原消除之前发生 H_2 的氧化裂解形成含 Ir—H 键的二氢化铱配合物[8]。

4.6 活性物种(^{iPr}PDI)Fe(CH_2=$CHCH_2CH_3$)发生 1-丁烯异构化和 H_2 加成的机理

基于前人提出的烯烃异构化和氢化路径，本部分计算研究了 1-丁烯异构化的势能面，如图 4-9 所示，以与 1-丁烯氢化的势能面进行比较。由于开壳层单重态 ^{OS}**1-(1-C_4H_8)** 比 **1-(1-C_4H_8)** 能量低 15.93 kcal/mol，**1-(1-C_4H_8)** 中 Fe⋯H—C 距离为 1.880 Å，Fe⋯H—C 抓氢作用有利于 C—H 键活化和随后的异构化，正如双功能钌催化剂催化烯烃的异构化经历类似 Ru⋯H—C 的抓氢中间体[62]。由 ^{OS}**1-(1-C_4H_8)** 引发的开壳层单重态路径中，H 迁移过渡态 ^{OS}**TS[1-(1-C_4H_8)/6a]** 比 **TS[1-(1-C_4H_8)/6a]** 稍微稳定 1.03 kcal/mol。第一个 H 迁移形成 H[Fe](η^3-$CH_2CHCHCH_3$)，反应能垒为 18.21 kcal/mol，高于 Fe(CO)$_3$ 片段催化烯烃异构化加氢能垒（8.7 kcal/mol）[63]。第二次氢转移过渡态 ^{OS}**TS[6b/1-(2t-C_4H_8)]** 的能垒为 1.72 kcal/mol，表明 C—H 还原消除容易发生。特别是形成的开壳层单重态

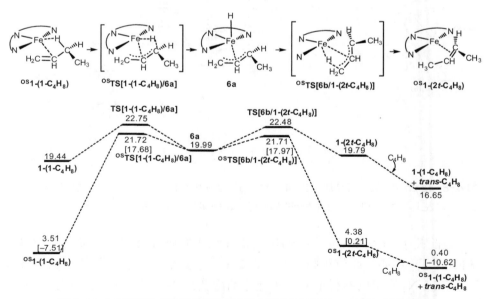

图 4-9　1-丁烯异构化路径的自由能曲线（方括号内为 Yamaguchi 方法校正的相对能量值，左上标"^{OS}"表示开壳层单重态，自由能单位为 kcal/mol）

2-丁烯铁配合物 ^{OS}**1-(2t-C$_4$H$_8$)** 比闭壳层单重态 **1-(2t-C$_4$H$_8$)** 稳定 15.41 kcal/mol。从 **1-(1-C$_4$H$_8$)** 到 **1-(2t-C$_4$H$_8$)**，1-C$_4$H$_8$ 转变为 $trans$-2-C$_4$H$_8$。另一当量的 C$_4$H$_8$ 分子与 Fe 中心配位促使 $trans$-2-C$_4$H$_8$ 的解离，该过程放能 3.98 kcal/mol。从热力学角度考虑，开壳层单重态路径更有利，闭壳层单重态机制没有竞争性，这与闭壳层单重态烯烃配位的羰基铁配合物 Fe(CO)$_3$(η^2-1-己烯)有利于烯烃异构化不同[63]，可能是由于羰基是强场配体。

1-丁烯异构化形成 2-丁烯配合物 ^{OS}**1-(2t-C$_4$H$_8$)** 之后，H$_2$ 氧化加成会遵循单重态路径，H$_2$ 分子以 η^2 方式配位形成配合物 (C$_4$H$_8$)[Fe](η^2-H$_2$) ^{OS}**7**，吸能 14.99 kcal/mol，这表明 H$_2$ 配位在热力学上是不利的。与 ^{OS}**TS(2a/3a)** 类似，H—H 键的解离和 C—H 键的形成协同开壳层单重态过渡态 ^{OS}**TS(7/8)** 的发生，形成 2-丁基氢化铁配合物。三重态 H–H 裂解 H 迁移过渡态 ^{3}**TS(7/8)** 和中间体 ^{3}**8** 的能量远高于单重态。从 2-丁基铁氢化物(C$_4$H$_9$)[Fe](H) **8** 开始，C—H 还原消除遵循开壳层单重态路径，形成丁烷的过程几乎没有能垒，并且是放能的。开壳层单重态过渡态 ^{OS}**TS(9/10)** 的能量比 **TS(9/10)** 和 ^{3}**TS(9/10)** 分别低 6.04 kcal/mol 和 1.92 kcal/mol（图 4-10）。另外，参与 C—H 还原消除的三重态中间体 ^{3}**9** 能量低于单重态 **9**，具体见文献[37]的相关支持信息。这表明由于自旋轨道耦合，自旋交叉可能发生在 **8** 到 ^{3}**9** 之间，在 C—H 还原消除过程中，三重态机理与开壳层单重态机理存在竞争。

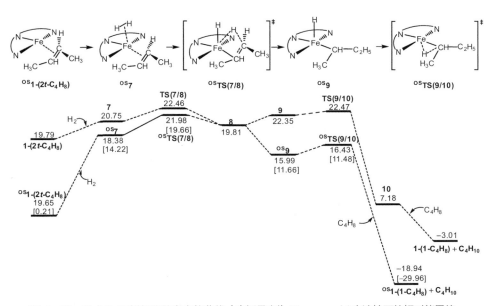

图 4-10　反式 2-丁烯氢化的自由能曲线（方括号内为 Yamaguchi 方法校正的相对能量值，左上标 "OS" 表示开壳层单重态，自由能单位为 kcal/mol）

通过比较两种不同机理路径的势能面曲线，可以得出：第一步 H_2 配位和插入在热力学上是不利的，烯烃直接加氢能垒为 11.53 kcal/mol，而相对于 ^{OS}**1-(1-C$_4$H$_8$)**，烯烃异构化产物 ^{OS}**1-(2t-C$_4$H$_8$)** 加氢具有更高的能垒 18.21 kcal/mol。因此，1-丁烯配位和氢化的反应路径在动力学上更有利。

4.7 双亚氨基吡啶 Fe(0)催化烯烃氢化遵循开壳层单重态机理

基于计算结果，在 1 atm H_2 气氛下，使用双亚氨基吡啶铁双氮配合物(^{iPr}PDI)Fe(N$_2$)$_2$ 催化烯烃氢化的简化反应机理如图 4-11 所示。由于母体配合物(^{iPr}PDI)Fe(N$_2$)$_2$ 不稳定，初始步骤是 N$_2$ 解离，产生中间体(^{iPr}PDI)Fe(N$_2$)，随后烯烃取代 N$_2$ 形成活性物质(^{iPr}PDI)Fe(1-C$_4$H$_8$)。接着是 H$_2$ 配位形成(^{iPr}PDI)Fe(H$_2$)(1-C$_4$H$_8$)。之后烯烃氢化产生烷基配合物。最后，烷基配合物经历 C—H 还原消除形成烷烃。在整个烯烃氢化过程中，开壳层单重态反应路径是可行的，并且 H—H 键断裂为速率决定步骤，需克服的反应能垒为 11.53 kcal/mol。我们认为双亚氨基吡啶铁配合物催化烯烃氢化产生烷基配合物过程所经历的过渡态为开壳层单重态协同过渡态，即 H$_2$ 解离的同时 C—H 键形成，这不同于 Chirik 等提出的 H$_2$ 配位氧化形成二氢化铁烯烃配合物。结果还表明，烯烃异构化氢化具有较高的反应活化能垒，排除了 Chirik 等所提出的烯烃配位和异构化以及随后的 H$_2$ 氧化加成机理。

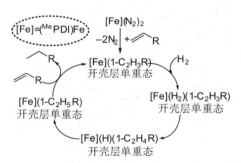

图 4-11 双亚氨基吡啶铁双氮配合物催化烯烃氢化的催化循环

本部分利用密度泛函理论 UB3LYP 方法阐明了双亚氨基吡啶铁双氮配合物(^{iPr}PDI)Fe(N$_2$)$_2$ 催化烯烃加氢的机理，考察了甲苯溶剂化效应和色散效应。在(^{iPr}PDI)Fe(N$_2$)$_2$ 催化烯烃直接加氢机理中，三种不同的自旋态路径交叉的可能性很小。具有氧化还原活性的双亚氨基吡啶铁配合物在催化烯烃氢化中，配位体与金属中心之间存在协同的电子流动特征。我们发现几个关于含有氧化还原性质配体的低价铁配合物在催化反应步骤中非常有趣的现象，具体如下：

① 双亚氨基吡啶铁双氮配合物(^{iPr}PDI)Fe(N$_2$)$_2$趋向于解离N$_2$，不饱和配合物(^{iPr}PDI)Fe(N$_2$)倾向于开壳层单重态为基态，与三重态能量接近，相应的闭壳层单重态不稳定且能量高。

② 二氢配合物(^{iPr}PDI)Fe(H$_2$)倾向于三重态基态，但Yamaguchi校正后的开壳层单重态能量更低，变为基态；H$_2$氧化加成得到的二氢化铁配合物不稳定且能量高。

③ 二氢配合物(^{iPr}PDI)Fe(H$_2$)的形成比开壳层单重态的1-丁烯配合物(^{iPr}PDI)Fe(1-C$_4$H$_8$)的形成更加吸能，因而在实验条件下会产生1-丁烯配合物(^{iPr}PDI)Fe(1-C$_4$H$_8$)，这与Chirik等的观点一致。

④ 从(^{iPr}PDI)Fe(H$_2$)(1-C$_4$H$_8$)开始，1-丁烯通过开壳层单重态协同过渡态发生氢化，包括H—H键断裂，C—H键形成和C=C双键伸长。该反应路径在动力学上比1-丁烯异构化为2-丁烯再氢化更有利。在整个烯烃氢化中，H—H键断裂是速率决定步骤，表观活化能垒为15.04 kcal/mol。

参考文献

[1] Shultz C S, Krska S W. Unlocking the potential of asymmetric hydrogenation at Merck. *Acc Chem Res*, **2007**, 40 (12): 1320-1326.

[2] Johnson N B, Lennon I C, Moran P H, et al. Industrial-scale synthesis and applications of asymmetric hydrogenation catalysts. *Acc Chem Res*, **2007**, 40 (12): 1291-1299.

[3] Osborn J A, Jardine F H, Young J F, et al. The preparation and properties of tris (triphenylphosphine) halogenorhodium(Ⅰ) and some reactions there of including catalytic homogeneous hydrogenation of olefins and acetylenes and their derivatives. *J Chem Soc, A: Inorganic, Physical, Theoretical*, **1966**: 1711-1732.

[4] Young J F, Osborn J A, Jardine F H, et al. Hydride intermediates in homogeneous hydrogenation reactions of olefins and acetylenes using rhodium catalysts. *Chem Commun (London)*, **1965**(7): 131-132.

[5] Whited M T, Trenerry M J, Demeulenaere K E, et al. Computational and experimental investigation of alkene hydrogenation by a pincer-type [P$_2$Si]Rh complex: Alkane release via competitive σ-bond metathesis and reductive elimination. *Organometallics*, **2019**, 38 (7): 1493-1501.

[6] Álvarez Á, Macías R, Bould J, et al. Alkene hydrogenation on an 11-vertex rhodathiaborane with full cluster participation. *J Am Chem Soc*, **2008**, 130 (34): 11455-11466.

[7] Komuro T, Arai T, Kikuchi K, et al. Synthesis of ruthenium complexes with a nonspectator Si,O,P-chelate ligand: Interconversion between a hydrido(η^2-silane) complex and a silyl complex leading to catalytic alkene hydrogenation. *Organometallics*, **2015**, 34 (7): 1211-1217.

[8] Cheng C, Kim B G, Guironnet D, et al. Synthesis and characterization of carbazolide-based iridium PNP pincer complexes. Mechanistic and computational investigation of alkene hydrogenation: Evidence for an Ir(Ⅲ)/Ir(Ⅴ)/Ir(Ⅲ) catalytic cycle. *J Am Chem Soc*, **2014**, 136 (18): 6672-6683.

[9] Cipot J, McDonald R, Stradiotto M. A rare example of efficient alkene hydrogenation mediated by a neutral iridium(Ⅰ) complex under mild conditions. *Organometallics*, **2006**, 25 (1): 29-31.

[10] Bolm C, Legros J, le Paih J, et al. Iron-catalyzed reactions in organic synthesis. *Chem Rev*, **2004**, 104 (12): 6217-6254.

[11] Bauer I, Knölker H J. Iron catalysis in organic synthesis. *Chem Rev*, **2015**, 115 (9): 3170-3387.

[12] Knijnenburg Q, Horton A D, van der Heijden H, et al. Olefin hydrogenation using diimine pyridine complexes of Co and Rh. *J Mol Catal, A: Chemical*, **2005**, 232 (1): 151-159.

[13] Hopmann K H. Cobalt-bis(imino)pyridine-catalyzed asymmetric hydrogenation: Electronic structure, mechanism, and stereoselectivity. *Organometallics*, **2013**, 32 (21): 6388-6399.

[14] Friedfeld M R, Margulieux G W, Schaefer B A, et al. Bis(phosphine)cobalt dialkyl complexes for directed catalytic alkene hydrogenation. *J Am Chem Soc*, **2014**, 136 (38): 13178-13181.

[15] Filonenko G A, van Putten R, Hensen E J M, et al. Catalytic (de)hydrogenation promoted by non-precious metals——Co, Fe and Mn: Recent advances in an emerging field. *Chem Soc Rev*, **2018**, 47 (4): 1459-1483.

[16] Manna K, Zhang T, Carboni M, et al. Salicylaldimine-based metal–organic framework enabling highly active olefin hydrogenation with iron and cobalt catalysts. *J Am Chem Soc*, **2014**, 136 (38): 13182-13185.

[17] Alawisi H, Arman H D, Tonzetich Z J. Catalytic hydrogenation of alkenes and alkynes by a cobalt pincer complex: Evidence of roles for both Co(Ⅰ) and Co(Ⅱ). *Organometallics*, **2021**, 40 (8): 1062-1070.

[18] Chirik P J. Iron- and cobalt- catalyzed alkene hydrogenation: Catalysis with both redox-active and strong field ligands. *Acc Chem Res*, **2015**, 48 (6): 1687-1695.

[19] Small B L, Brookhart M, Bennett A M A. Highly active iron and cobalt catalysts for the polymerization of ethylene. *J Am Chem Soc*, **1998**, 120 (16): 4049-4050.

[20] Britovsek G J P, Bruce M, Gibson V C, et al. Iron and cobalt ethylene polymerization catalysts bearing 2,6-bis(Imino)pyridyl ligands: Synthesis, structures, and polymerization studies. *J Am Chem Soc*, **1999**, 121 (38): 8728-8740.

[21] Bart S C, Lobkovsky E, Chirik P J. Preparation and molecular and electronic structures of iron(0) dinitrogen and silane complexes and their application to catalytic hydrogenation and hydrosilation. *J Am Chem Soc*, **2004**, 126 (42): 13794-13807.

[22] Archer A M, Bouwkamp M W, Cortez M P, et al. Arene coordination in bis(imino)pyridine iron complexes: Identification of catalyst deactivation pathways in iron-catalyzed hydrogenation and hydrosilation. *Organometallics*, **2006**, 25 (18): 4269-4278.

[23] Bart S C, Lobkovsky E, Bill E, et al. Synthesis and hydrogenation of bis(imino)pyridine iron imides. *J Am Chem Soc*, **2006**, 128 (16): 5302-5303.

[24] Trovitch R J, Lobkovsky E, Bill E, et al. Functional group tolerance and substrate scope in bis(imino)pyridine iron catalyzed alkene hydrogenation. *Organometallics*, **2008**, 27 (7): 1470-1478.

[25] Viereck P, Rummelt S M, Soja N A, et al. Synthesis and asymmetric alkene hydrogenation activity of C_2-symmetric enantioenriched pyridine dicarbene iron dialkyl complexes. *Organometallics*, **2021**, 40 (8): 1053-1061.

[26] Hostetler M J, Butts M D, Bergman R G. Scope and mechanism of alkene hydrogenation/ isomerization catalyzed by complexes of the type $R_2E(CH_2)_2M(CO)(L)$ (R = Cp, Me, Ph; E = phosphorus, tantalum; M = rhodium, iridium; L = CO, PPh_3). *J Am Chem Soc*, **1993**, 115 (7): 2743-2752.

[27] Sperger T, Sanhueza I A, Kalvet I, et al. Computational studies of synthetically relevant homogeneous organometallic catalysis involving Ni, Pd, Ir, and Rh: An overview of commonly employed DFT methods and mechanistic insights. *Chem Rev*, **2015**, 115 (17): 9532-9586.

[28] Hopmann K H, Bayer A. On the mechanism of iridium-catalyzed asymmetric hydrogenation of imines and alkenes: A theoretical study. *Organometallics*, **2011**, 30 (9): 2483-2497.

[29] Wu S B, Zhang T, Chung L W, et al. A missing piece of the mechanism in metal-catalyzed hydrogenation: Co(−1)/Co(0)/Co(+1) catalytic cycle for Co(−1)-catalyzed hydrogenation. *Org Lett*, **2019**, 21 (2): 360-364.

[30] Xu R, Chakraborty S, Bellows S M, et al. Iron-catalyzed homogeneous hydrogenation of alkenes under mild conditions by a stepwise, bifunctional mechanism. *ACS Catal*, **2016**, 6 (3): 2127-2135.

[31] Ward M D, McCleverty J A. Non-innocent behaviour in mononuclear and polynuclear complexes: Consequences for redox and electronic spectroscopic properties. *J Chem Soc, Dalton Trans*, **2002**(3): 275-288.

[32] Schröder D, Shaik S, Schwarz H. Two-state reactivity as a new concept in organometallic chemistry. *Acc Chem Res*, **2000**, 33 (3): 139-145.

[33] Bellows S M, Cundari T R, Holland P L. Spin crossover during β-hydride elimination in high-spin iron(Ⅱ)- and cobalt(Ⅱ)-alkyl complexes. *Organometallics*, **2013**, 32 (17): 4741-4751.

[34] Trovitch R J, Lobkovsky E, Chirik P J. Bis(imino)pyridine iron alkyls containing β-hydrogens: Synthesis, evaluation of kinetic stability, and decomposition pathways involving chelate participation. *J Am Chem Soc*, **2008**, 130 (35): 11631-11640.

[35] Khoroshun D V, Musaev D G, Vreven T, et al. Theoretical study on bis(imino)pyridyl-Fe(Ⅱ) olefin poly- and oligomerization catalysts. Dominance of different spin states in propagation and β-hydride transfer pathways. *Organometallics*, **2001**, 20 (10): 2007-2026.

[36] Sharon D A, Mallick D, Wang B, et al. Computation sheds insight into iron porphyrin carbenes' electronic structure, formation, and N—H insertion reactivity. *J Am Chem Soc*,

2016, 138 (30): 9597-9610.

[37] Guo C H, Yang D, Liu X, et al. Exploring the mechanism of alkene hydrogenation catalyzed by defined iron complex from DFT computation. *J Mol Model*, **2019**, 25 (3): 61.

[38] Grimme S, Ehrlich S, Goerigk L. Effect of the damping function in dispersion corrected density functional theory. *J Comput Chem*, **2011**, 32 (7): 1456-1465.

[39] Grimme S, Antony J, Ehrlich S, et al. A consistent and accurate ab initio parametrization of density functional dispersion correction (DFT-D) for the 94 elements H-Pu. *J Chem Phys*, **2010**, 132 (15): 154104.

[40] Winget P, Cramer C J, Truhlar D G. Computation of equilibrium oxidation and reduction potentials for reversible and dissociative electron-transfer reactions in solution. *Theor Chem Acc*, **2004**, 112 (4): 217-227.

[41] Seeger R, Pople J A. Self-consistent molecular orbital methods. XVIII. Constraints and stability in Hartree-Fock theory. *J Chem Phys*, **1977**, 66 (7): 3045-3050.

[42] Bauernschmitt R, Ahlrichs R. Stability analysis for solutions of the closed shell Kohn-Sham equation. *J Chem Phys*, **1996**, 104 (22): 9047-9052.

[43] David G, Wennmohs F, Neese F, et al. Chemical tuning of magnetic exchange couplings using broken-symmetry density functional theory. *Inorg Chem*, **2018**, 57 (20): 12769-12776.

[44] Muresan N, Lu C C, Ghosh M, et al. Bis(α-diimine)iron complexes: Electronic structure determination by spectroscopy and broken symmetry density functional theoretical calculations. *Inorg Chem*, **2008**, 47 (11): 4579-4590.

[45] Yamaguchi K, Jensen F, Dorigo A, et al. A spin correction procedure for unrestricted Hartree-Fock and Møller-Plesset wavefunctions for singlet diradicals and polyradicals. *Chem Phys Lett*, **1988**, 149 (5): 537-542.

[46] Stieber S C E, Milsmann C, Hoyt J M, et al. Bis(imino)pyridine iron dinitrogen compounds revisited: differences in electronic structure between four- and five-coordinate derivatives. *Inorg Chem*, **2012**, 51 (6): 3770-3785.

[47] Booth C H, Walter M D, Kazhdan D, et al. Decamethylytterbocene complexes of bipyridines and diazabutadienes: Multiconfigurational ground states and open-shell singlet formation. *J Am Chem Soc*, **2009**, 131 (18): 6480-6491.

[48] Smith K M, Poli R, Harvey J N. Ligand dissociation accelerated by spin state change: Locating the minimum energy crossing point for phosphine exchange in $CpMoCl_2(PR_3)_2$ complexes. *New J Chem*, **2000**, 24 (2): 77-80.

[49] Harvey J N. Spin-forbidden CO ligand recombination in myoglobin. *Faraday Discussions*, **2004**, 127: 165-177.

[50] Ganguly G, Malakar T, Paul A. Theoretical studies on the mechanism of homogeneous catalytic olefin hydrogenation and amine-borane dehydrogenation by a versatile boryl-ligand-based cobalt catalyst. *ACS Catal*, **2015**, 5 (5): 2754-2769.

[51] Ortuño M A, Cramer C J. Multireference electronic structures of Fe-pyridine(diimine) complexes over multiple oxidation states. *J Phys Chem A*, **2017**, 121 (31): 5932-5939.

[52] Gorgas N, Alves L G, Stöger B, et al. Stable, yet highly reactive nonclassical iron(II)

polyhydride pincer complexes: Z-selective dimerization and hydroboration of terminal alkynes. *J Am Chem Soc*, **2017**, 139 (24): 8130-8133.

[53] Yu R P, Darmon J M, Semproni S P. et al. Synthesis of iron hydride complexes relevant to hydrogen isotope exchange in pharmaceuticals. *Organometallics*, **2017**, 36 (22): 4341-4343.

[54] Dub P A, Gordon J C. Metal-ligand bifunctional catalysis: The "accepted" mechanism, the issue of concertedness, and the function of the ligand in catalytic cycles involving hydrogen atoms. *ACS Catal*, **2017**, 7 (10): 6635-6655.

[55] Hoyt J M, Sylvester K T, Semproni S P, et al. Synthesis and electronic structure of bis(imino)pyridine iron metallacyclic intermediates in iron-catalyzed cyclization reactions. *J Am Chem Soc*, **2013**, 135 (12): 4862-4877.

[56] Tondreau A M, Atienza C C H, Darmon J M, et al. Synthesis, electronic structure, and alkene hydrosilylation activity of terpyridine and bis(imino)pyridine iron dialkyl complexes. *Organometallics*, **2012**, 31 (13): 4886-4893.

[57] Li L, Lei M, Sakaki S. DFT mechanistic study on alkene hydrogenation catalysis of iron metallaboratrane: Characteristic features of iron species. *Organometallics*, **2017**, 36 (18): 3530-3538.

[58] Poli R, Harvey J N. Spin forbidden chemical reactions of transition metal compounds. New ideas and new computational challenges. *Chem Soc Rev*, **2003**, 32 (1): 1-8.

[59] Ozawa F, Hikida T, Hayashi T. Reductive elimination of *cis*-PtMe(SiPh$_3$)(PMePh$_2$)$_2$. *J Am Chem Soc*, **1994**, 116 (7): 2844-2849.

[60] Sakaki S, Mizoe N, Sugimoto M, et al. Pt-catalyzed hydrosilylation of ethylene. A theoretical study of the reaction mechanism. *Coord Chem Rev*, **1999**, 190-192, 933-960.

[61] Sakaki S, Sumimoto M, Fukuhara M, et al. Why does the rhodium-catalyzed hydrosilylation of alkenes take place through a modified Chalk-Harrod mechanism? A Theoretical Study. *Organometallics*, **2002**, 21 (18): 3788-3802.

[62] Tao J, Sun F, Fang T. Mechanism of alkene isomerization by bifunctional ruthenium catalyst: A theoretical study. *J Org Chem*, **2012**, 698: 1-6.

[63] Sawyer K R, Glascoe E A, Cahoon J F, et al. Mechanism for iron-catalyzed alkene isomerization in solution. *Organometallics*, **2008**, 27(17): 4370-4379.

第 5 章

过渡金属配合物催化烯烃硅氢化反应和脱氢硅烷化反应

5.1 反应概述

烯烃的硅氢化反应是一种具有广泛用途的合成反应，是制备具有重要工业价值的有机硅化合物的基础反应之一[1]，也是商业上用于制备有机硅结构单元的有效方法，可以构建有机硅单体和聚合物[2]。这些有机硅构建单元在聚合物、材料、生物有机和有机金属化学等多个领域具有重要意义[3]。有机硅产品由于其功能独特、性能优异，如具有耐低高温、耐老化、耐化学腐蚀、绝缘、不燃、无毒无味、润滑、防水和消泡等性能，广泛应用于工业、农业、医药等各大领域，被誉为"工业味精"。由于有机硅产品的需求急剧增加，如油脂、橡胶、化妆品、药用化学品等，人工合成有机硅化合物成为获得有机硅产品的主要途径。

自 1947 年 Sommer 等[4]发现 1-辛烯硅氢加成反应以来，虽然利用紫外线、γ 射线[5]、有机过氧化物[6]等可以使反应进行，但选择性低、反应条件苛刻、温度高、压强大，甚至伴随不饱和化合物自聚等，以上诸多因素使得这些方法很难广泛应用。1957 年，人们首次发现氯铂酸（$H_2PtCl_6 \cdot 6H_2O$）对烯烃硅氢加成反应有很好的催化活性和选择性[7]。自此，国内外对铂配合物催化剂报道最多，例如在 $Pt(PPh_3)_4$ 的催化下，1-己烯和二氯硅烷发生硅氢加成反应得到己基二氯硅烷，产率高达 99%[8]。1994 年，Pt(0)配合物 Karstedt's 催化剂 1（图 5-1）成为硅氢加成反应领域的重大成果[9]。过渡金属如铂系金属 Pt、Ru、Rh 的配合物作为催化剂用于不饱和烃类的硅氢加成反应时，反应条件温和，催化剂选择性和活性高。许多商业硅树脂来源于叔硅烷反马氏加成到末端烯烃，这激发了人们去寻找具有独特末端选择性的催化剂。

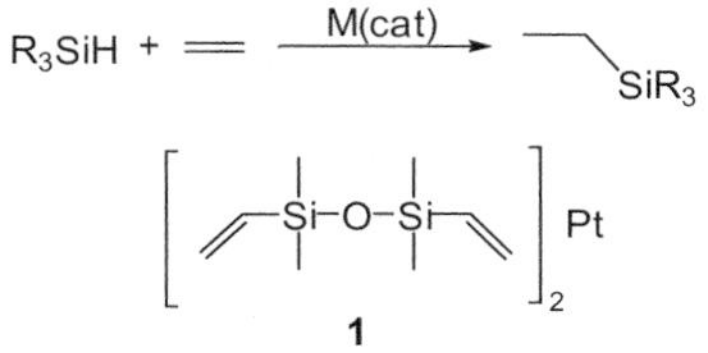

图 5-1　Karstedt's 催化剂

过渡金属配合物催化烯烃硅氢化反应的 CH 机理与 mCH 机理循环过程如图 5-2 所示。经典的 Chalk-Harrod 配位催化机理是 Chalk 和 Harrod 于 1965 年提出的[10]，简称 CH 机理，是一种被广为接受的过渡金属配合物催化烯烃硅氢加成机理。它包括四个主要步骤：①过渡金属中心 M 与氢硅烷的氧化加成；②烯烃的配位；③烯烃插入 M—H 键形成 M—C—C—H 物质 **2a**；④Si-C 还原消除。对于烷基硅烷的形成，遵循典型的 Chalk-Harrod（CH）机理。但 CH 机理无法解释烯基硅烷等产物出现的原因，研究者提出了改进的 Chalk-Harrod（mCH）机理，又称为硅基迁移机理[11-14]。对于乙烯基硅烷的形成遵循改进的 Chalk-Harrod（mCH）机理，涉及配位烯烃 C=C 键插入 M—SiR$_3$ 键中，得到 M—C—C—SiR$_3$ 中间体 **2b**，然后进行 β-H 消除。在这两种机理中，硅烷一般为三级硅烷。

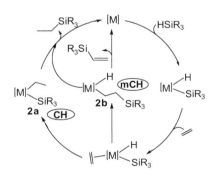

图 5-2　Chalk-Harrod 机理[10]和改进的 Chalk-Harrod 机理[14]

20 世纪 90 年代以来，人们通过实验、理论计算或二者相结合的方法对铂配合物催化的烯烃硅氢化反应机理的研究表明，Pt 配合物中存在较强的配位体时，反应更倾向于配位加成机理，即 CH 机理[15,16]。Sakaki 等对 Pt(PH$_3$)$_2$[17]和

RhCl(PH$_3$)$_3$[18]两种配合物的催化作用机制做了深入的对比研究，发现化合物 **3a**（图 5-3）在乙烯插入 Pt—H 键之后得到产物的异构化过程是 CH 机理的速控步，而 mCH 机理的速控步为乙烯插入 Pt–SiMe$_3$ 键，对于四配位的 d^8 电子组态 Pt(Ⅱ)化合物 **3b**（图 5-3），乙烯插入 Pt–SiMe$_3$ 键时会受到很强的氢配体反位效应影响，形成的 Pt–烷基化合物非常不稳定，反应能垒远远高于 CH 机理，差值在 20 kcal/mol 以上，mCH 机理历程在能量上是没有竞争性的。这给了我们一些启示，即好的铂催化剂能够使烯烃插入产物的异构化过程活化能垒降低，而相应的活化能主要源于中心 Pt 的 d$_{xz}$ 轨道与烷基（CR$_3$）的 sp^3 轨道之间的电子互斥作用，当 Pt 的 d$_{xz}$ 轨道能量变低时，电子互斥作用就会变弱，因此，能够使 Pt 的 d$_{xz}$ 轨道能量降低的反馈 π 键对异构化作用有利，例如 PH$_3$ 就是一种很好的能形成反馈 π 键配体。不同的是，d^6 电子组态 Rh(Ⅲ)可以形成六配位结构 **3c**，如图 5-3 所示，乙烯置于 H 配体或 SiMe$_3$ 配体的顺式位置，PH$_3$ 配体的反式位置，乙烯插入 Rh—SiMe$_3$ 键时，在 PH$_3$ 配体的反式位置形成 Rh–烷基键，这样的结构中氢配体的反位效应影响很小，所以乙烯插入步所需克服的能垒适中，即 RhCl(PH$_3$)$_3$ 的催化循环倾向于 mCH 机理[18]。由此可见，Pt、Rh 配合物催化机制的不同主要取决于中心体的 d 电子数，当催化剂金属中心为 d^6 电子组态时，mCH 机理明显优于 CH 机理，而 d^8 电子排布更倾向于 CH 机理[16]。

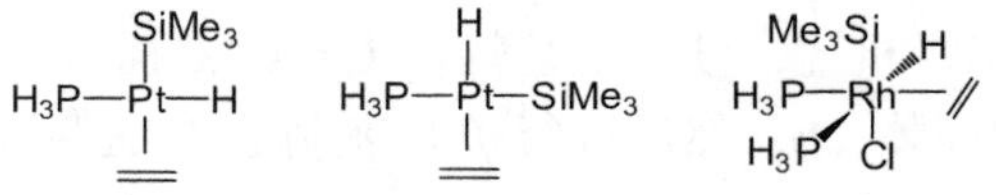

图 5-3 化合物 3a、3b、3c 的结构

Glaser 和 Tilley[19]于 2003 年合成并表征了 Ru(Ⅳ)硅烯化合物[Cp*(^{i}Pr$_3$P)(H)$_2$Ru=Si(H)Ph·Et$_2$O][B(C$_6$F$_5$)$_4$]（**4a**），提出了一个全新的烯烃硅氢化机理，称为 Glaser-Tilley（G-T）机理。如图 5-4 所示，Glaser 和 Tilley 提出烯烃与一级硅烷（RSiH$_3$）反应时，首先一级硅烷与钌催化剂形成金属硅烯化合物 **4b**，之后烯烃的 C=C 双键直接与中间体 **4b** 的 Si—H 键发生加成反应，反应历程中不涉及烯烃与金属中心的配位，而是经历一个[2$_\sigma$ + 2$_\pi$]加成过渡态 **4c**。一般认为 G-T 机理中，硅基（—SiH$_2$R 或—SiH$_3$）配体是很强的 σ 供体，该配体通过 Si 与金属中心形成的双键加强了对金属中心的电子供给，从而使 Si—H 键变弱，这样就利于 Si—H 键与 C=C 双键之间作用得到 Si—C 键（**4d**）。换句话说，金属硅烯双键（M = Si）的形成可以活化 Si—H 键，从而降低反应能垒。Hall 和 Böhme 等[20-22]采用 B3LYP 方法对 G-T 机理进行了可行性评价，发现模型催化剂 Ru-硅烯化合物 **5a** 和 **5b**（图 5-5）包含两个桥氢配体和一个 η^3-键合硅烷配体，使

其拥有三中心两电子结构，桥氢能同时与 Ru 和 Si 相互作用；而 Os-硅烯化合物 **5c** 不存在氢桥键。特殊的 Ru—H—Si 双氢桥结构使烯烃更易插入端位 Si—H 键，获得硅氢化产物。[$2_\sigma+2_\pi$]加成步骤为催化循环的速控步，其活化能垒低于 CH 机理和 mCH 机理[21]。另外，Ru-硅烯化合物中体积较大的配体对反应历程有很大的影响，与 CH 机理相比，催化剂的配体越大，反应越倾向于[$2_\sigma+2_\pi$]加成路径。

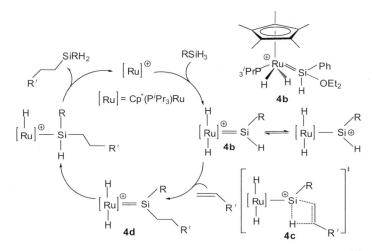

图 5-4　钌硅烯阳离子物种 **4b** 催化烯烃硅氢化的 Glaser-Tilley 机理[19]

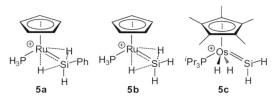

图 5-5　B3LYP 计算的金属硅烯化合物的结构[20]

另外一种为 σ 键置换机理。Tuttle 等采用 B3LYP 方法研究 Ru(Ⅱ)配合物 $RuCl_2(CO)_2(PPh_3)_2$[23]（**6a**）和 Ru(Ⅱ)阳离子[$RuCl(NCCH_3)_5$]$^+$(Cl)[24]（**6b**）分别催化甲基二甲氧基硅烷（**6c**）与甲基乙烯基二甲氧基硅烷（**6d**）的硅氢化反应机理（图 5-6），计算多种可能机理，包括 Chalk-Harrod 机理、Glaser-Tilley 机理和 σ 键置换机理，对比发现 σ 键置换机理（SBM）能垒最低，是最有利的。以 Ru(Ⅱ)阳离子（**6b**）催化剂为例，如图 5-7 所示，σ 键置换机理[24]主要包括：①烯烃与催化活性物种 **7a** 的金属中心 Ru 配位；②烯烃插入 Ru—H 键，即分子内的氢转移（**7b** → **7c**），只需克服 6.9 kcal/mol 的活化能；③反应物硅烷 **6c** 的 Si—H 键的端氢与 Ru 中心配位（**7c** → **7d**）；④σ 键置换，即 **7d** 中

H—Si 键和 Ru—C 键之间进行 σ 键交换，Ru—H 键形成的同时 C—Si 键形成，相应的能垒为 13.1 kcal/mol，为反应的速控步。他们的计算研究结果支持其实验结果，即实验上 ^{1}H NMR 数据显示有硅氢化产物但没有脱氢硅烷化产物。在此，Ru(Ⅱ)为 d^6 电子组态，在催化过程中能够以六配位的模式进行反应。

图 5-6 甲基二甲氧基硅烷与甲基乙烯基二甲氧基硅烷的硅氢加成反应[23,24]

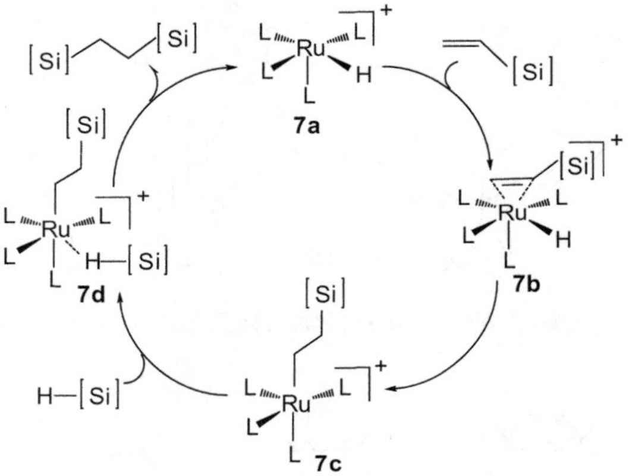

图 5-7 σ 键置换催化机理[24]（L 为 NCMe，[Si]为 Si(OMe)$_2$Me）

第Ⅷ族金属配合物催化下的烯烃硅氢化的反应机理随过渡金属的不同，其催化性能和催化循环存在很大的差异。Pt 催化烯烃硅氢化反应一般遵循 Chalk-Harrod 机理；Rh 催化烯烃硅氢化的最优反应路径为改进的 Chalk-Harrod 循环；对于金属 Ru 配合物催化剂，σ 键置换机理（SBM）是最为有利的，而 Ru-硅烯催化烯烃硅氢化反应遵循[$2_\sigma + 2_\pi$]加成机理。上述结果应用于第一过渡系的铁系元素配合物 Fe(CO)$_5$、CpFe(CO)$_2$Me、^{Mes}PDI)Co(CH$_3$)催化烯烃与硅烷的反应循环会有不妥，因为第一过渡系铁系元素配合物可能存在多种自旋态。理论计算可以对催化循环的可行性进行评估，对推断反应机理有非常重要的作用；而且可以推测实验上无法检测的或短暂的反应中间体物种的结构和性质，为实验检测表征提供参考和理论依据。

理论方面的研究结果显示，利用当前流行的 DFT 方法结合适当的基组，能够获得热力学和动力学数据，从而对相应的实验结果进行很好的解释，证实了 DFT 方法的可靠性和实用性。同时，借助量子化学计算，选择合适的方法和基组进行理论预测，也是研究者努力的方向。所以更深入地探讨催化机理，开发新型高效高选择性催化剂仍有很大的研究空间。此外，随着贵金属储量的日益减少和废物回收、处理（重金属毒性）成本的日益提高，从理论上设计价格低廉、环境友好的普通过渡金属催化剂将促进烯烃硅氢化在应用领域的跨越式发展。

5.2 $Fe(CO)_5$ 催化乙烯硅氢加成的反应机理

五羰基铁 $Fe(CO)_5$ 是早期用于催化烯烃硅氢化的均相过渡金属催化剂。$Fe(CO)_5$ 催化烯烃与 $HSiEt_3$ 的热反应条件为 100~140 °C[25]。实验表明，过量的氢硅烷（R'_3SiH）有利于烷基硅烷的生成（**A**）；而过量的烯烃有利于生成不饱和乙烯基硅烷（**B**）；副产物为烷烃（**C**）。Schroeder 和 Wrighton[26] 报道了光致 $Fe(CO)_5$ 催化烯烃的硅氢化反应，并提出了涉及 $(H)(SiR_3)Fe(CO)_3$(烯烃)的硅氢化和脱氢硅烷化的可能机理。

$$R'_3SiH + CH_2=CHR \xrightarrow{Fe(CO)_5, UV, 25℃} \begin{cases} R'_3SiCH_2CH_2R \text{ (\textbf{A})} \\ + \\ R'_3SiCH=CHR \text{ (\textbf{B})} \\ + \\ CH_2CH_2R \text{ (\textbf{C})} \end{cases}$$

随着先进实验检测技术的发展，例如基质分离、时间分辨气相红外光谱和时间分辨共振拉曼光谱等，一些揭示 $Fe(CO)_5$ 催化硅烷和烯烃的活化以及 $HFe(R_3Si)(CO)_4$ 反应活性的机理探索被报道。1971 年，Graham 和 Jetz 研究了在环境压力和温度低于 25℃ 的庚烷中，光照 $Fe(CO)_5$ 与 R_3SiH 可以导致 CO 解离的同时生成 *cis*- $HFe(R_3Si)CO_4$，取代基 R 为 Cl 和 C_6H_5[27]。与 $Fe(CO)_5$ 热解离 CO 形成鲜明对比，近紫外线 UV 辐射 $Fe(CO)_5$ 在温和条件下产生配位不饱和化合物 $Fe(CO)_4$ 非常容易。在加热条件下，异戊二烯与 $HFe(Ph_3Si)(CO)_4$[28] 的反应和 $HFe(Ph_3Si)(CO)_4$ 与双烯的反应[29]中被证实发生的是 Fe—H 基团通过自由基或离子过程直接氢转移加成，双烯与金属中心配位不可能发生。Harris 等[30]采用超快 UV 泵/IR 探针光谱和量子化学计算，研究了光诱导 $Fe(CO)_5$ 产生的三重态 $Fe(CO)_4$ 对三乙基硅烷的 Si—H 键的活化。结果表明，三重态 $Fe(CO)_4$ 在超快时间尺度上是稳定的，并且不与溶剂配位。三重态 $Fe(CO)_4$ 在三乙基硅烷中产生单重态三乙基硅烷基氢化铁配合物 $HFe(SiEt_3)(CO)_4$，可以理解为是单重态和三重态之间自旋-轨道耦合造成的。另外，在五羰基铁催化的烯烃异构化反应中,通过红外光谱观察到 $Fe(CO)_4(CHR=CHR)$ 物种[31]。

鉴于上述 $Fe(CO)_5$ 参与反应的不同实验观察结果,可能存在由反应条件和底物比例微妙控制的多条硅氢化反应途径。因为烯烃硅氢化的机理不仅取决于催化剂过渡金属配合物,而且与所用硅烷的类型和性质有密切关系。模型硅烷 SiR_3H ($R \neq H$) 为三级硅烷,不可能形成金属硅烯物种,排除了 Glaser-Tilley 机理。关于羰基铁催化烯烃硅氢化反应仍然存在许多有趣的问题,特别是高自旋中间体的可能性、催化过程的动力学和热力学信息、决定反应的化学选择性因素等。利用理论计算所得研究结果反馈实验具有重要意义。DFT 方法已被用于研究羰基铁催化乙烯加氢的详细机理[32]。本节以三甲基硅烷和乙烯作为底物模型,对所有原子用全电子 3-ζ 极化函数 TZVP 基组。本部分探索和计算了在 $Fe(CO)_5$ 催化下烷基硅烷、乙烯基硅烷和烷烃形成的可能反应路径,阐明了 $Fe(CO)_5$ 催化的脱氢硅氢化与烯烃硅氢化存在竞争性的本质原因,发现 $Fe(CO)_5$ 催化的烯烃氢化硅烷化与 Pt 和 Rh 催化的烯烃硅氢化途径不同。

在本部分工作中,用全电子 3-ζ 极化函数 TZVP 基组描述所有原子,对六种密度泛函方法进行了测试,表 5-1 给出了相关参数。通过对 $Fe(CO)_5$ 的几何结构和 $Fe(CO)_5$ 的 Fe—CO 键解离焓的对比研究,选取了 BPW91 密度泛函理论方法,见表 5-1。气相计算显示 $Fe(CO)_5$ 具有 D_{3h} 基态,与先前文献一致[33,34]。$Fe(CO)_4$ 的最稳定基态构型(1)具有三重态 C_{2v} 对称性,相应的单重态稍微不稳定,与先前的观察和计算结果一致[35-37]。在液相中,已经观察到三重态 $Fe(CO)_4$ 是光激发后的主要产物[30,38,39]。尽管实验上 $Fe(CO)_4$ 的单重态-三重态分裂能是未知的,本文计算的单重态-三重态分裂能为 1.79 kcal/mol,接近 CCSD(T) 理论方法报道值 2 kcal/mol[37],B3PW91 水平下分裂能值为 3.5 kcal/mol[40]。$Fe(CO)_5$ 解离 CO 生成最稳定的三重态 C_{2v}-$Fe(CO)_4$ 的 CO 键解离焓(ΔH_{298})为 42.16 kcal/mol,与实验值 (42±2) kcal/mol[41]非常一致。

表 5-1 六种方法计算 $Fe(CO)_5 \longrightarrow Fe(CO)_4$ 的 Fe—CO 键解离能

单位:kcal/mol

方法	PBE	B3LYP	BP86	BPW91	PW91	M06	Exp.
ΔE	45.41	25.56	42.76	41.14	45.69	40.48	
ΔH	46.42	26.77	43.77	42.16	46.70	41.72	42±2
ΔG	33.21	12.98	30.53	29.31	33.49	28.08	

尽管 $^3Fe(CO)_4$ 较 $^1Fe(CO)_4$ 稳定,但 $HSiMe_3$ 的 Si—H 键加成到 $^3Fe(CO)_4$ 是相互排斥的,因为随着 Fe—H 键距离的缩短,能量增加,如图 5-8 所示[42],因此 $^3Fe(CO)_4$ 会发生初始自旋交叉,转变为 $^1Fe(CO)_4$,这与 Besora 等的报道相一致[40]。将 $HSiMe_3$ 的 Si—H σ 键氧化加成到单重态 $Fe(CO)_4$ 形成 $HFe(CO)_4(SiMe_3)$

不需要克服能垒，计算未能找到$(CO)_4Fe(\eta^1\text{-H-SiMe}_3)$和$(CO)_4Fe(\eta^2\text{-H-SiMe}_3)$两种物种，这与$[LnRhI]^+$活化$SiH_2Me_2$发生Si—H加成情况相类似[43]，也与$Fe(CO)_5$在三乙基硅烷溶液中的超快光化学反应一致，产生Si—H键活化产物$HFe(CO)_4(SiEt_3)$。$HFe(CO)_4(SiMe_3)$的形成容易发生，该过程放热15.26 kcal/mol。在实验条件下，反应一旦有效地生成$Fe(CO)_4$，就可以快速形成$HFe(CO)_4(SiMe_3)$。

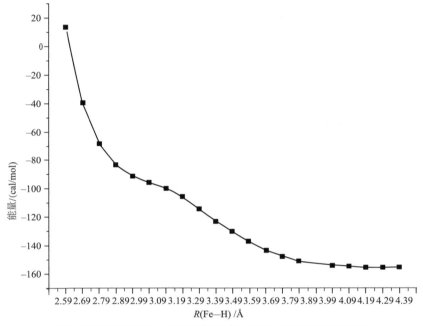

图 5-8 硅烷$HSiMe_3$加成到三重态$^3Fe(CO)_4$的相对能量势能曲线

5.2.1 烯烃的配位和插入

如图 5-9 所示，由于$HFe(CO)_4(SiMe_3)$（**2**）没有空的配位点，因此烯烃配位之前需要解离一个羰基CO配体。从空间几何角度考虑，$HFe(CO)_4(SiMe_3)$（**2**）解离CO有三种可能。第一种CO解离方式为 **2** 中与H和$SiMe_3$均相邻的CO解离后，$SiMe_3$基团的CH_3向空位移动并产生抓氢键化合物（**3a**），$Fe\cdots HC$距离为1.883 Å，C—H键长为1.146 Å，比$HSiMe_3$中的C—H键拉长（1.099 Å）。另一种CO解离方式为处于H的反位和处于$SiMe_3$邻位的CO解离，产生抓氢键化合物结构（**3b**），$Fe\cdots HC$距离为1.905 Å，C—H键长为1.142 Å。先前在Rh催化的氢化硅烷化中也观察到类似的情况[18]。第三种CO解离方式为处于$SiMe_3$的反式和处于H的邻位CO解离，产生异构体 **3c**。比较$HFe(CO)_3(SiMe_3)$三种异构体的单重态和三重态结构的稳定性差别得出，最稳定结构为单重态结

构 **3a**，单重态结构 **3b** 和 **3c** 比 **3a** 能量高 1.98 kcal/mol 和 5.85 kcal/mol；**3a**、**3b**、**3c** 的三重态都比单重态能量高得多。**2** 解离 CO 生成 **3a** 的过程为单重态路径，反应所吸收的自由能为 27.98 kcal/mol，这表明通过强热条件或在环境温度下光照可以有效产生 **3a**。**3a** 具有适合烯烃配位的构象，同时也适合随后的 Fe—H 和 Fe—Si 插入。

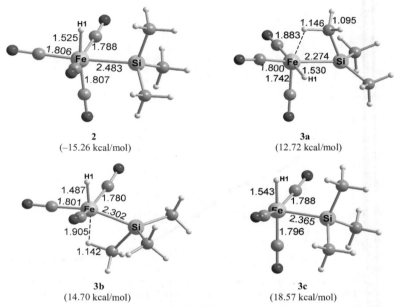

图 5-9　$HFe(CO)_4(SiMe_3)$ **2** 和 $HFe(CO)_3(SiMe_3)$ **3a**、**3b**、**3c** 的几何结构
[键长单位为 Å。括号中为熵校正的相对吉布斯自由能值（以 $^3Fe(CO)_4$ 和 $HSiMe_3$ 为参考零点）]

根据 **3a** 的几何特征，乙烯配位可以有两种空间取向，如图 5-10 所示，i. 乙烯平行于 Fe—H 键并垂直于 Fe—Si 键进行配位，形成 **4a**，ii. 乙烯平行于 Fe—Si 键并与 Fe—H 键垂直进行配位，形成 **4b**。中间体 **4a** 比 **4b** 稳定 8.23 kcal/mol。几何参数表明，**4a** 确实是具有 Fe⋯H—C 抓氢键的乙基铁配合物，而不是乙烯配位配合物。在 **4a** 中，Fe⋯H—C 距离为 1.711 Å；相关的 H—C 键长 1.208 Å 略长于通常的 C—H 键长 1.10 Å。Fe—C2 键距离为 2.046 Å，非常接近于 **7a₁** 中 Fe—乙基键的长度 2.207 Å（见图 5-11）。因此，得出结论，**4a** 是 Fe—烷基键化合物，可以认为是 $CH_2=CH_2$ 插入 Fe—H 的产物。在许多乙烯插入反应的理论研究中均提到了这种情况[15,18]。相反，**4b** 是乙烯配位的配合物。从 **4b** 开始，乙烯插入 Fe—Si 键需要克服 14.86 kcal/mol 的能垒，此步骤为形成乙烯基硅烷的关键步骤，是改进的 Chalk-Harrod 机理。在优化乙烯插入 Fe—Si 键的过

渡态结构过程中，甲硅烷基团自动与 Fe 中心解离，仅找到类产物过渡态 **TS(4b/5b)**。在 **TS(4b/5b)** 中已形成 Si—C2 键且 Fe—Si 键完全断裂，这与乙烯插入 Pt—SiH$_3$[15]、Rh—SiH$_3$[18] 和 Zr—SiH$_3$[44] 时 Si—C 键部分形成和金属—甲硅烷基键部分断裂完全不同。Fe—烷基键几乎在过渡态就形成了，类似于 Pt 和 Rh 催化的烯烃氢化硅烷化[15,18]。

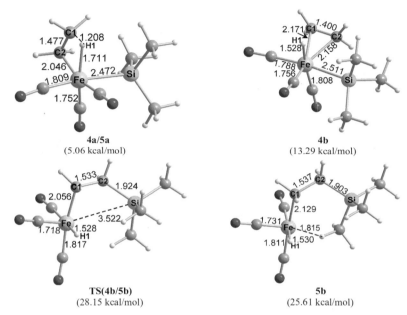

图 5-10 乙烯配位和插入步骤所涉及的关键中间体和过渡态的结构（键长单位为 Å；括号中为熵校正的相对吉布斯自由能值，与 ^{3}Fe(CO)$_4$、HSiMe$_3$ 和 C$_2$H$_4$ 有关）

通过以上中间体稳定性和过渡态能垒的比较，得出乙烯插入 Fe—H 键过程（**3a → 4a**）在动力学和热力学上更为有利。与先前关于 Cp$_2$Zr 催化的乙烯氢化硅烷化的理论研究类似，不能优化获得乙烯配合物 Cp$_2$Zr(H)(SiH$_3$)(C$_2$H$_4$)[44]。

5.2.2 Si—C 还原消除形成乙基三甲基硅烷(C$_2$H$_5$SiMe$_3$)

在中间体 **5a** 中，由于 Fe 和 H1 之间键长较短（1.711 Å），抓氢键合作用仍然存在，与乙基 C2 原子邻近的 SiMe$_3$ 基团处于不利位置，不适合随后的 Si—C 还原消除。**5a** 将首先发生互变异构转变为 16e 不饱和乙基配合物 **6a**，如图 5-11 所示，连接 **5a** 和 **6a** 的过渡态为 **TS(5a/6a)**，由于 Fe⋯H1 键距离延长至 3.382 Å，Fe⋯H1—C1 的相互作用完全被破坏。IRC 计算表明，Fe—C2 键周围的乙基旋转伴随着另一种 Fe⋯H—C2 抓氢作用形成。反应过程 **5a → 6a** 吸能 10.64 kcal/mol，需要克服 24.41 kcal/mol 的中等能垒。反向过程 **6a → 5a**

的能垒相对较低，为 13.77 kcal/mol。因此，在没有一氧化碳的情况下乙烯插入是可逆的[26]。实验是在脱气密封安瓿中进行，我们考虑和探索了 CO 诱导 **5a** 的异构化，相关的过渡态为 **TS(5a/7a₁)**。计算结果显示，**5a** 到 **TS(5a/7a₁)** 的活化能垒为 19.82 kcal/mol，比从 **5a** 到 **TS(5a/6a)** 低 4.59 kcal/mol。更重要的是，18e 饱和中间体 $(CO)_4Fe(SiMe_3)(C_2H_5)$ **7a₁** 更稳定，逆向反应能垒高达 35.31 kcal/mol。因此，**5a** 的异构化会经历 CO 辅助路径。

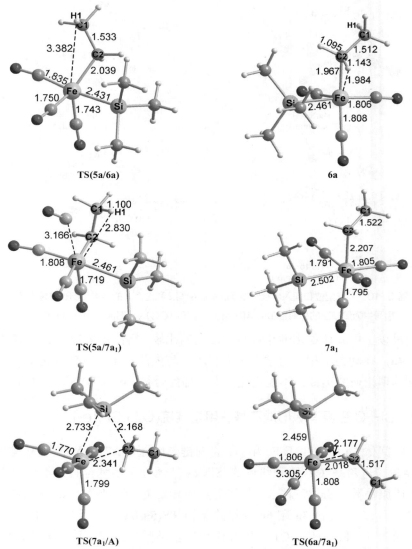

图 5-11 CO 辅助的 Si—C 还原消除步骤所涉及的关键中间体和过渡态结构

（键长单位为 Å）

CO 配位的 Si—C 还原消除路径较为有利，从 **7a₁** 开始，经由过渡态 **TS(7a₁/A)** 发生 Si—C2 还原消除，产生烷基硅烷产物 CH₃CH₂SiMe₃，同时活性片段 Fe(CO)₄ 重新进入新一轮的催化循环。在 **TS(7a₁/A)** 中，Fe—C 和 Fe—Si 距离分别延长至 2.341 Å 和 2.733 Å，而 Si—C 距离缩短至 2.168 Å。计算得到的活化能为 25.86 kcal/mol，这意味着 Si—C 还原消除在 298 K 时不是一个容易的步骤，这很好地解释了实验上(CO)₄Fe(CH₂R)(SiR₃)发生还原消除是一个慢反应[45]。

图 5-12 中给出了 CH₃CH₂SiMe₃ 形成的整个能量图。乙烯配位/插入产物的异构化通过 CO 辅助路径发生。因为过程 **5a → 7a₁** 放能 15.49 kcal/mol，具有 19.82 kcal/mol 的低能垒；而过程 **5a → 6a** 吸能 10.64 kcal/mol，具有 24.41 kcal/mol 的高能垒。在该 Chalk-Harrod 催化循环中，需克服两个相对较高的活化能垒，异构化步骤（**5a → 7a₁**）具有比 Si—C 还原消除略小的能垒（19.82 kcal/mol vs. 25.86 kcal/mol）。但对比两个过渡态 **TS(5a/7a₁)** 和 **TS(7a₁/A)** 的相对能量，我们发现前者比后者能量高，因此得出烯烃插入产物 **5a** 的异构化为速率控制步骤。物种(CO)₄Fe(C₂H₅)(SiMe₃) **7a₁** 的生成在动力学上是不可逆的，也正是因为 **7a₁** 的热力学稳定性，造成了 Si—C 还原消除的活化能垒不低。为了获得烷基硅烷产物 CH₃CH₂SiMe₃，就需要不断产生关键中间体(CO)₄Fe(C₂H₅)(SiMe₃) **7a₁**，因而通过辐射实现 CO 的解离是可取的。

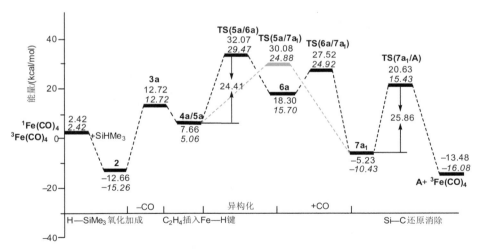

图 5-12　Fe(CO)₄催化的乙烯氢化硅烷化形成 C₂H₅SiMe₃（**A**）的自由能曲线
（能量单位为 kcal/mol；斜体表示熵校正的相对自由能）

前人关于 Pt 和 Rh 催化的烯烃氢化硅烷化的理论研究表明，乙烯与 Pt(Ⅱ)或 Rh(Ⅱ)中心的配位可以降低 Si—C 或 C—H 还原消除的活化能垒[15,18]。实验上,Ozawa 等也观察到炔烃可以加速 Pt(SiR$_3$)(CH$_3$)(PR$_3$)$_2$ 的 Si—C 还原消除[46]。在此,我们考虑了底物配位的影响,计算结果表明,底物乙烯辅助的 Si—C 还原消除路径不具有竞争性,硅烷诱导的 Si—C 还原消除过渡态的活化自由能垒更高,详见文献[42],这与钌配合物催化的乙烯硅烷基化反应中没有观察到双硅烷基物种的实验结果相一致[47]。

5.2.3 β-H 还原消除形成乙烯基三甲基硅烷（C$_2$H$_4$SiMe$_3$）

图 5-13 给出了形成乙烯基三甲基硅烷的关键步骤所涉及的中间体和过渡态结构,图 5-14 给出了相关的自由能曲线图。如图 5-10 所示,乙烯插入 Fe—Si

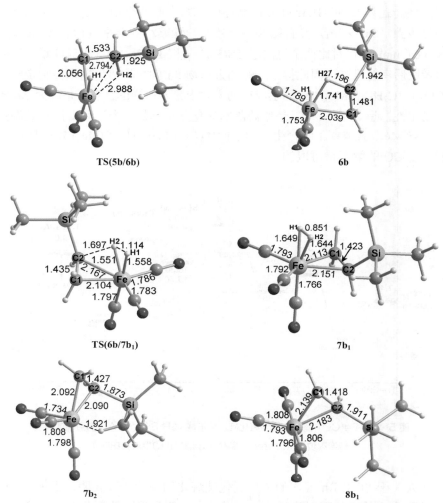

图 5-13　经 β-H 还原消除形成 C$_2$H$_4$SiMe$_3$ 的关键中间体和过渡态结构（键长单位为 Å）

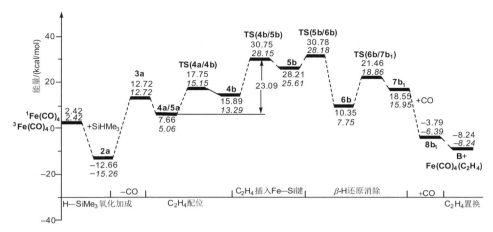

图 5-14　Fe(CO)₄催化乙烯的脱氢甲硅烷基化形成 C₂H₄SiMe₃（B）的自由能曲线
（能量单位 kcal/mol；斜体表示熵校正的相对自由能）

键经由过渡态 **TS(4b/5b)** 而发生，克服中等势垒 23.09 kcal/mol。**TS(4b/5b)** 略高于 **TS(5a/7a₁)** 3.27 kcal/mol，插入过程（**4b → 5b**）吸能 12.32 kcal/mol。中间体 **4b** 与中间体 **4a** 为乙烯配位异构体，异构化过程（**4a → 4b**）需要克服 10.09 kcal/mol 的活化能垒，这主要是由于 **4a** 中强的 Fe⋯H1—C1 抓氢作用。从 **5b** 开始，反应经历 β-H 还原消除。计算表明，β-H 还原消除是一个多步历程，涉及 C—C 键向 Fe 中心的旋转和随后的 β-H 还原消除，这与 RhClH(CH₂CH₂SiMe₃)(PH₃)₂ 进行 β-H 抽取产生烯基硅烷相似[18]。如图 5-13 所示，不稳定物质 **5b** 经由过渡态 **TS(5b/6b)** 转化为较稳定的具有抓氢键 Fe⋯H2—C2 的中间体 **6b**，反应的活化能非常低，为 2.57 kcal/mol。**6b** 中的 C1—C2 键长短于 **5b**（1.481 Å vs. 1.537 Å），但长于 C₂H₄SiMe₃（1.481 Å vs. 1.341 Å）。然后 **6b** 发生 β-H 还原消除，产生 η^2-H₂ 和乙烯基硅烷配位的配合物 **7b₁**。经由的过渡态 **TS(6b/7b₁)** 的虚频为 857.98i cm⁻¹，对应于抓氢键的 H 原子与 H1 配体的接近，同时 H2—C2 键断裂和 H1—H2 键部分形成。β-H 还原消除（**6b → 7b₁**）需要克服 11.11 kcal/mol 的活化能垒，接近于先前报道的理论值 11.9 kcal/mol[18]。乙烯基硅烷的生成遵循改进的 Chalk-Harrod 机理，从能量图 5-14 得出乙烯插入 Fe—Si 键为速率决定步骤。与 Chalk-Harrod 机理不同的是，物种 **6b** 较不稳定，β-H 还原消除很容易发生。

乙烯基硅烷的释放经由复分解反应发生，如图 5-15 所示，基于我们的计算结果，发现途径 3 和 4 都可能发生，途径 1 和 2 不能发生。其中途径 3 最为有利，即 CO 取代 **7b₁** 中的 H₂ 分子配体产生复合物 **8b₁**，再通过乙烯置换产物 C₂H₄SiMe₃，活性中间物种(CH₂=CH₂)Fe(CO)₄ 再生。以起始反应物和 ³Fe(CO)₄ 为参考零点，η^2-乙烯基硅烷配位的 π 配合物 **8b₁** 的生成放出能量 6.39 kcal/mol，乙烯基硅烷

的形成伴随 H_2 的释放，H_2 解离后不能与烯烃配合物反应，这与在热条件下实验没有观察到烷烃一致[25]。途径 4：$7b_1$ 中的乙烯基硅烷直接被第二分子乙烯置换取代，形成 $Fe(CO)_3(H_2)(\eta^2-C_2H_4)$ $8b_2$ 而释放 $C_2H_4SiMe_3$，尽管相对于起始反应物和 $^3Fe(CO)_4$，生成 $8b_2$ 的过程吸能 7.65 kcal/mol，热力学不占优势，但 $7b_1 \rightarrow 8b_2$ 放能 5.07 kcal/mol，$8b_2$ 要比光致物种 $3a$ 稳定 5.07 kcal/mol，在光照条件下，是可以生成中间体 $8b_2$ 的，过程 $7b_1 \rightarrow 8b_2$ 是产生 $C_2H_4SiMe_3$ 的主要路径。因为途径 4 产生的 $8b_2$ 会经历烯烃活化加氢生成副产物烷烃，与文献[26]中 Wrighton 等没有提到 H_2 的产生相一致。途径 1：从 $7b_1$ 直接解离 $C_2H_4SiMe_3$，产生$(CO)_3Fe(H)_2$，需吸能 17.56 kcal/mol，这表明在反应体系中不存在氢化铁配合物$(CO)_3Fe(H)_2$。途径 2：从 $7b_1$ 解离 H_2 分子产生 $7b_2$ 也为吸能过程，$7b_2$ 比 $7b_1$ 稳定性稍差 1.63 kcal/mol，这表明物质 $7b_2$ 不参与 $C_2H_4SiMe_3$ 的形成。

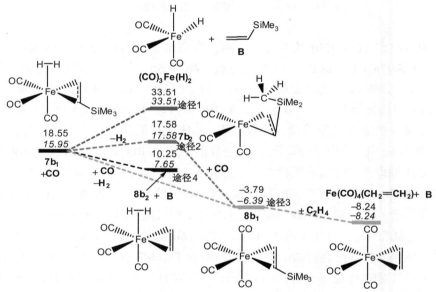

图 5-15　释放 $C_2H_4SiMe_3$（**B**）的四种途径自由能曲线（能量单位为 kcal/mol；斜体表示熵校正的相对自由能）

5.2.4　副产物烷烃的形成对反应的贡献

在实验中，副产物乙烷的生成[26]，可以认为是 $7b_1$ 中的乙烯基硅烷被第二分子乙烯取代后形成 $Fe(CO)_3(H)_2(\eta^2-C_2H_4)$ $8b_2$ 继续反应所形成的。如图 5-16 所示，CO 诱导的乙基旋转过渡态能量较低，即 **TS($8b_2$/10)** 比 **TS($8b_2$/9)** 低 5.15 kcal/mol。Fe—乙基键的形成需要克服 20.77 kcal/mol 的活化能垒。随后 C2—H1 还原消除产生乙烷，经由过渡态 **TS(10/C)** 的能垒仅为 8.21 kcal/mol。重要的是，

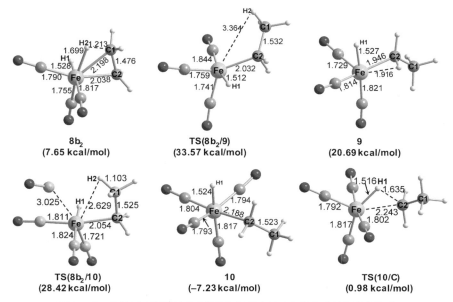

图 5-16 乙烷形成所涉及的中间体和过渡态的几何结构（键长单位为 Å；括号中为熵校正的相对吉布斯自由能，与 ^{3}Fe(CO)$_4$ 和 C$_2$H$_4$ 有关）

形成乙烷的过渡态 **TS(8b$_2$/10)** 与乙烯插入 Fe—Si 键过渡态 **TS(4b/5b)** 具有相似的稳定性，即 28.42 kcal/mol vs. 28.15 kcal/mol，这两种过渡态之间的相对自由能差为 0.27 kcal/mol，理论上对应得到 C$_2$H$_6$ 与 C$_2$H$_4$SiMe$_3$ 的百分比为 47∶53。这与实验事实非常一致，即烷烃的产率几乎等于链烯基硅烷的产率[26]。

此外，基于实验上制备和观察到物质的 Fe(CO)$_4$(CH$_2$=CH$_2$)[48]，我们从理论上考察了在乙烯和硅烷存在下，先产生 Fe(CO)$_4$(C$_2$H$_4$)，继而与 HSiMe$_3$ 之间的反应。DFT 计算表明，Fe(CO)$_4$(C$_2$H$_4$) **2′** 确实是一种稳定的中间体，因为相对于 C_{2v}-^{3}Fe(CO)$_4$，乙烯与三重态 Fe(CO)$_4$ 的配位放能 17.46 kcal/mol。通过比较 Fe(CO)$_4$ 与两种底物的活化反应，乙烯 π 加合物 **2′** 比硅烷氧化加成产物 **2** 稳定 2.20 kcal/mol。由于物种 **2** 和 **2′** 之间的能量差值小，两者都可能存在于反应的初始阶段。先前文献报道了物种 Fe(CO)$_3$(η^2-烯烃) 是热或光诱导的羰基铁(0)催化烯烃异构化的重要中间体[26,31]，通过瞬时红外光谱研究了不饱和配合物 Fe(CO)$_3$(η^2-烯烃) 的形成[49,50]。如图 5-17，从 **2′** 开始，单个羰基解离导致 Fe(CO)$_3$(C$_2$H$_4$) **3′** 的产生，三角锥异构体 **3′a** 比 T 形结构 **3′b** 稳定 8.52 kcal/mol。通过乙烯取代 Fe(CO)$_4$(**1**) 中的羰基配体优化得到结构 **3′c** 和 **3′c-t**。计算发现 **3′c** 是最稳定的异构体，且 **3′c-t** 仅比 **3′c** 稳定性差 0.95 kcal/mol，理论预测 **3′c** 和 **3′c-t** 将以 1∶1.47 的比例存在，这与实验观察结果一致，在光解 Fe(CO)$_4$(CH$_2$=CH$_2$)

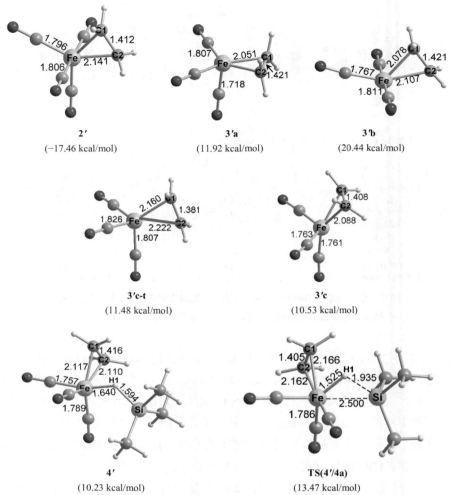

图 5-17 2′、3′、4′和 TS(4′/4a)的几何结构（键长单位为 Å；括号中为熵校正的相对吉布斯自由能，与 ^{3}Fe(CO)$_4$、HSiMe$_3$ 和 C$_2$H$_4$ 有关）

的早期阶段形成比值约 1∶1.1 的两种物种[50]。一个硅烷分子可以通过 η^1 模式进入 **3′c** 的 Fe 中心配位点，得到配合物 **4′**，然后经由过渡态 **TS(4′/4a)**，HSiMe$_3$ 的 Si—H 键被活化断裂生成 **4a**。比较分析发现，从 HFe(CO)$_4$(SiR$_3$) **2** 和 Fe(CO)$_4$(CH$_2$═CH$_2$) **2′**解离 1 mol CO 需要吸收几乎相等的能量（27.98 kcal/mol vs. 27.99 kcal/mol）。如果反应由 Fe(CO)$_4$(CH$_2$═CH$_2$) **2′**引发，则应克服从 **4′**到 **TS(4′/4a)**的 3.24 kcal/mol 的反应能垒。因此，Fe(CO)$_4$(C$_2$H$_4$) 的路径与 HFe(CO)$_4$(SiR$_3$) 的路径略微竞争，Si—H 氧化加成产物是 **4a**，它是乙烯插入 Fe—H 键的前体，如 5.2.1 节所述。

5.2.5 烷基硅烷和乙烯基硅烷形成的竞争性比较

如图 5-18 所示，烷基硅烷（$C_2H_5SiMe_3$）的形成遵循 Chalk-Harrod 机理，乙烯基硅烷（$C_2H_4SiMe_3$）的形成经历改进的 Chalk-Harrod 机理，相应的吉布斯自由能曲线已在图 5-12 和图 5-14 中给出。通过比较两种反应机制的动力学和热力学数据得出，Chalk-Harrod 机理较改进的 Chalk-Harrod 机理有利。与乙烯插入 Fe—Si 键相比，乙烯金属氢化物 **5a** 的异构化需要克服较少能量，即过渡态 **TS(5a/7a$_1$)** 与 **TS(4b/5b)** 的能垒分别为 19.82 kcal/mol 和 23.09 kcal/mol。Chalk-Harrod 机理中的 Si—C 还原消除比改进的 Chalk-Harrod 机理中的 β-H 消除困难。在 $Fe(CO)_5$ 催化的乙烯和硅烷反应中，改进 Chalk-Harrod 机理与 Chalk-Harrod 机理存在一定的竞争性。

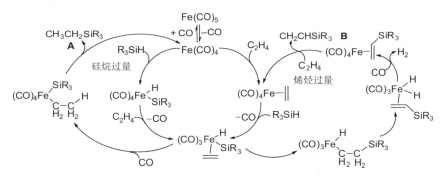

图 5-18 $Fe(CO)_5$ 催化乙烯的硅氢化或脱氢甲硅烷基化的催化循环

如前所述，$HFe(CO)_4(SiR_3)$ 和 $Fe(CO)_4(C_2H_4)$ 都可以在催化过程中起到活性物质的作用。但当硅烷过量时，稍微不稳定物种 $HFe(CO)_4(SiR_3)$ 的量将超过 $Fe(CO)_4(C_2H_4)$，因此反应遵循 Chalk-Harrod 机理并产生烷基硅烷（$C_2H_5SiMe_3$）。然而，当乙烯的浓度远大于硅烷的浓度时，会大量产生 $Fe(CO)_4(C_2H_4)$，反应将遵循改进的 Chalk-Harrod 机理。过量的乙烯有利于通过置换反应形成乙烯基配位的配合物 $Fe(CO)_3(H)_2(\eta^2-C_2H_4)$ **8b$_2$** 和乙烯基硅烷（$C_2H_4SiMe_3$）。当然不能排除稳定的乙烯基硅烷配位的配合物 $Fe(CO)_4(C_2H_3SiMe_3)$ **8b$_1$** 存在的可能性，过量的乙烯向金属中心的配位而使得乙烯基硅烷（$C_2H_4SiMe_3$）得以释放。如果乙烯基硅烷是目标产物，则乙烯的浓度应该大一些，以提供乙烯插入 Fe—Si 键的中间体 **4b**。

总结此部分，讨论了羰基铁催化烯烃的加氢硅烷化反应和脱氢硅烷化反应机理，对典型的 Chalk-Harrod 和改进的 Chalk-Harrod 反应机理的基元步骤进行了详细的理论计算研究，指出了目标产物依赖于底物浓度的本质原因。由于 $H(CO)_4Fe(SiMe_3)$ 和 $(CO)_4Fe(C_2H_4)$ 的稳定性相似，当乙烯过量存在时，

$(CO)_4Fe(C_2H_4)$可以形成但不起活性物质的作用。因为乙烯插入的 Fe—H 键形成 $(CO)_3Fe(C_2H_5)(SiMe_3)$ 没有能垒;而 H—$SiMe_3$ 键氧化加成到 $(CO)_3Fe(C_2H_4)$ 时能垒为 3.24 kcal/mol。烷基硅烷 $CH_3CH_2SiR_3$ 的形成遵循 Chalk-Harrod 机理,涉及基元步骤:①CO 诱导的乙烯金属氢化物 **4a** 异构化为乙基配合物 **7a₁**;②Si—C 还原消除。另外,乙烯基硅烷 CH_2CHSiR_3 的形成遵循改进的 Chalk-Harrod 机理,涉及基元步骤:①配位乙烯插入$(CO)_3Fe(H)(SiMe_3)(C_2H_4)$的 Fe—Si 键;②$\beta$-H 还原消除;③过量乙烯取代与金属中心配位的乙烯基硅烷,乙烯基硅烷得以释放。当底物乙烯和硅烷的摩尔比为 1∶1 时,Chalk-Harrod 机理优于改进的 Chalk-Harrod 机理。产物选择性源于乙烯插入 Fe—Si 键和乙烯金属氢化物异构化之间的竞争,这两种过渡态之间的相对自由能差为 3.27 kcal/mol,得到主要产物为 $C_2H_5SiMe_3$,这与实验观察结果一致。在乙烯过量反应条件下发现,乙烯的脱氢甲硅烷基化可以通过改进的 Chalk-Harrod 机理进行。此外,计算结果证实烷烃作为副产物仅在光照条件下产生,其产率等于总烯基硅烷的产率。本部分内容非常好地解释了实验产物的分布,为实验结果提供了理论支持。这些反应的机理理解有助于设计用于氢化硅烷化或脱氢甲硅烷基化反应的新型高效和高选择性 Fe 基催化剂,可为开发更强大的铁催化剂提供参考,以解决目标合成中的选择性问题。

5.3 $CpFe(CO)_2Me$ 催化二乙烯基二硅氧烷化学选择性脱氢硅烷化机理

铁基配合物高效催化烯烃氢化硅烷化反应取得重大进展的同时[51-58],人们也尝试利用铁基配合物催化烯烃的脱氢硅烷化反应来制备烯基硅烷,烯基硅烷是金属催化交叉偶联反应中的通用亲核试剂[59-61]。然而,过去通常产生烯基硅烷和副产物的混合物,需要进行产物的分离和纯化。开发更具选择性的催化剂以获得链烯基硅烷或其他乙烯基硅化合物是重要的研究方向,目前只有少数催化体系能产生一种区域异构体产物,如下式:

$$\text{CH}_2=\text{CH-SiR}_2\text{-O-SiR}_2\text{-CH=CH}_2 + R'SiH \xrightarrow[\text{甲苯; 80°C}]{CpFe(CO)_2(CH_3)} H_3C\text{-CH(H)-SiR}_2\text{-O-SiR}_2\text{-CH=CH-SiR}_3'$$

Nakazawa 等[62]报道了配合物 $CpFe(CO)_2Me$(Cp 为 η^5-C_5H_5)在催化 1,3-二乙烯基二硅氧烷与含氢硅烷的反应中实现了一种不寻常的脱氢甲硅烷基化和氢化反应的组合,$CpFe(CO)_2Me$ 具有很高的催化活性,尽管实验上进行了氘标记,但由于没有检测到任何中间体,$CpFe(CO)_2Me$ 催化的 $HSiMe_3$ 对 1,3-

二乙烯基二硅氧烷进行化学选择性脱氢硅烷化和氢化反应的详细反应机理仍然不能确定。该催化反应主要分三步：①用底物 $HSiR'_3$ 激活催化剂前体 $CpFe(CO)_2Me$，生成 16 电子活性催化剂 $CpFe(CO)SiR'_3$；②一个乙烯基发生选择性脱氢甲硅烷基化；③另一个乙烯基发生氢化反应。

在本部分工作中，采用 B3LYP 方法，用 LANL2DZ 描述 Fe 原子，用 6-31G(d) 基组描述 C、H、Si 和 O 原子。在极化连续 PCM 模型和 UAHF 半径下，进行甲苯溶剂化效应和 B3LYP-D3 色散校正的高精度单点能计算，用 ECP 基组 LANL2TZ(f)[63]描述 Fe 原子，用 6-311++G(d,p)基组描述其他原子。将高精度的单点能加上 B3LYP/6-31G(d)水平计算的吉布斯自由能校正值，以获得溶液中的吉布斯自由能。虽然吉布斯自由能的热和熵校正已在 1 atm 和 298.15 K 的气相频率计算中加入，但基于理想气相模型，熵贡献不可避免地被高估，特别是对于反应物和产物分子数量不同的反应。因此，对高精度的相对自由能进行了修正，即在 298.15 K 的温度下，对两分子变一分子的反应，减去 2.60 kcal/mol；对一分子变两分子的反应，加上 2.60 kcal/mol 进行校正，反应前后分子数不变的转化反应不进行校正。使用 ADF2014 程序包，在 B3LYP/TZP 水平下计算所有分子的自旋-轨道耦合矩阵元，使用 Marcus 速率理论[64,65]定量预测单重态和三重态之间的系间穿越速率（ISC）。

5.3.1 活性催化物种 $CpFe(CO)SiR'_3$ 的生成

首先，预催化剂 $CpFe(CO)_2Me$ 与 $HSiMe_3$ 形成活性催化剂甲硅烷基配合物 $CpFe(CO)(SiMe_3)$（**A**），这类似于 Pt 预催化剂的初始活化是由 Si—H 的氧化加成引发的[66]。如图 5-19 所示，一种反应路径为 CO 解离路径；另一种为 CO 辅助路径。

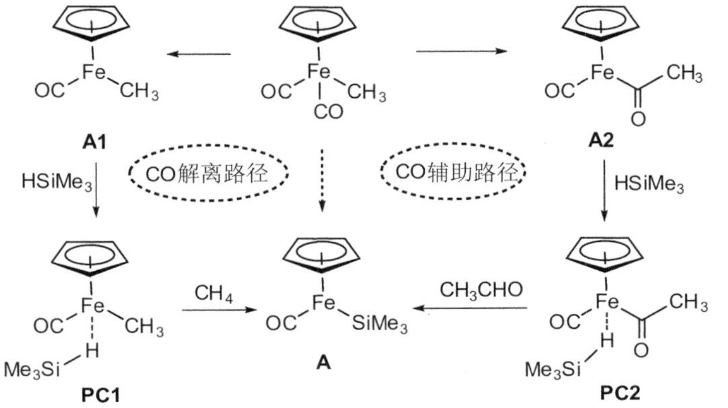

图 5-19　形成活性催化剂 $CpFe(CO)(SiMe_3)$ 的可能路径：CO 解离路径和 CO 辅助路径

在 CO 解离路径中，一个 CO 配体解离先产生 16 电子的 CpFe(CO)Me（**A1**），该步骤生成单重态 ^{1}**A1** 需要吸收能量 32.9 kcal/mol，形成三重态 ^{3}**A1** 需要吸收能量 17.2 kcal/mol，见图 5-20。随后，HSiMe$_3$ 与 CpFe(CO)Me 不会产生氢化物 CpFe(CO)Me(H)(SiMe$_3$)，而是形成 η^1-Si—H···M 加合物 **PC1**；最后经由过渡态 **TS(A1/A)** 发生 CH$_4$ 的还原消除而产生活性催化剂 CpFe(CO)(SiMe$_3$)（**A**）。活性物质 CpFe(CO)(SiMe$_3$) 的基态为三重态 ^{3}**A**，相应单重态 ^{1}**A** 的能量高出 10.8 kcal/mol。这一路径类似于先前在光照射下 CpFe(CO)$_2$Me 催化有机腈 C—C 键断裂的实验和理论研究[67,68]。值得注意的是，**TS(A1/A)** 是 σ 键置换机制的过渡态，即 Fe—CH$_3$ 和 Si—H 键的断裂以及 Fe—Si 和 H$_3$C—H 键的形成同时发生。**TS(A1/A)** 的虚频为 859i cm^{-1}，这与 H 从 H—SiMe$_3$ 到 CH$_3$ 的转移有关。虚频振动模式表明 H 经历 H—Fe 键合和快速断开。在 **TS(A1/A)** 中，断裂的 Fe—C 和 Si—H 键的键长为 2.113 Å 和 1.998 Å，形成的 Fe—Si 和 C—H 键的键长分别为 2.383 Å 和 1.552 Å，Fe—H 键长为 1.493 Å。

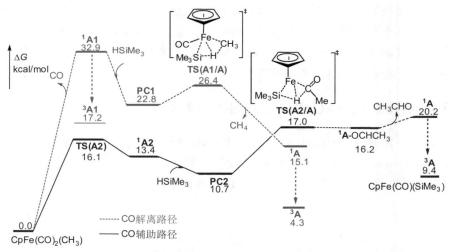

图 5-20 CO 辅助和 CO 解离路径形成 CpFe(CO)(SiMe$_3$) 的自由能曲线（能量单位：kcal/mol）

在 CO 辅助路径中，首先经由过渡态 **TS(A2)** 使得 CO 配体插入 Fe—CH$_3$ 键形成物种 **A2**。随后，**A2** 与 Me$_3$SiH 反应得到 η^1-Si—H—Fe 配合物 **PC2**，配合物 **PC2** 比 **PC1** 稳定 12.1 kcal/mol。最后，反应经由过渡态 **TS(A2/A)** 释放乙醛形成活性物质 CpFe(CO)(SiMe$_3$)（**A**）。**TS(A2)** 的虚频为 105i cm^{-1}，振动模式与 Fe—CH$_3$ 键的断裂和 C—CH$_3$ 的形成有关。从 **PC2** 发生的 C–H 还原消除的过渡态 **TS(A2/A)** 与 **TS(A1/A)** 类似，也为 σ 键置换机理，其虚频为 57i cm^{-1}。在 **TS(A2/A)** 中，形成的 Fe—Si 键的键长为 2.379 Å，断裂 Si—H 键的键长为

2.257 Å，形成 C—H 键的键长为 1.328 Å，断裂的 Fe—C 键的键长为 2.110 Å 以及 Fe—H 键的键长为 1.555 Å。在 **TS(A2/A)** 之后，形成的 CH_3CHO 仍然配位于 Fe 中心，加合物[^{1}**A**-OCHCH$_3$]的能量比 **TS(A2/A)** 低 0.8 kcal/mol。用底物 1,3-二乙烯基二硅氧烷取代 CH_3CHO 放出能量 15.3 kcal/mol，这表明加热条件对催化剂 $CpFe(CO)_2Me$ 的活化是必要的。另外，^{3}**A1**（2.071）、^{3}**A2**（2.090）和 ^{3}**A**（2.121）的总自旋特征值 $\langle S^2 \rangle$ 表明这些物种自旋污染很小。**A1**、**A2** 和 **A** 中间体的单重态和三重态之间的系间穿越速率分别计算为 $1.48 \times 10^1 \ s^{-1}$、$8.59 \times 10^6 \ s^{-1}$ 和 $2.36 \times 10^3 \ s^{-1}$。

通过比较两条路径的吉布斯自由能曲线（图 5-20）可以看出，CO 辅助路径比 CO 解离路径更有利。在 CO 辅助路径中，得到 CH_3CHO 与活性物质 $CpFe(CO)(SiMe_3)$（**A**）的加合物能量高于反应物 16.2 kcal/mol，这表明 $HSiMe_3$ 对 $CpFe(CO)_2Me$ 的活化经历了加热诱导期。

5.3.2 二乙烯基二硅氧烷的配位

在初始阶段 80°C 下，二乙烯基二硅氧烷（1,3-DVS）与催化活性物质 $CpFe(CO)(SiMe_3)$（^{3}**A**）发生配位，考虑两种可能的配位模式，即二乙烯基二硅氧烷的烯烃配位和氧原子的配位。如图 5-21 所示，1,3-DVS 的一个乙烯基与配合物 ^{3}**A** 的 Fe 中心配位，产生 π 烯烃配合物 **B**；1,3-DVS 的氧原子与 ^{3}**A** 的 Fe 中心配位形成配合物 **B-O**。从相对能量得出，**B-O** 比 **B** 稳定性差 21.0 kcal/mol，因此反应初期不会生成配合物 **B-O**，以下只讨论乙烯基配合物 **B** 发生的后续反应。在 **B** 中，配位的 C═C 双键键长 1.410 Å，略长于自由二烯烃 1,3-DVS（1.340 Å），生成 **B** 的过程略微放能 0.7 kcal/mol，表明 ^{3}**A** 和 1,3-DVS 之间存在配位和解离平衡。此外，发现 $CpFe(CO)(SiMe_3)$（^{3}**A**）和 Me_3SiH 之间反应形

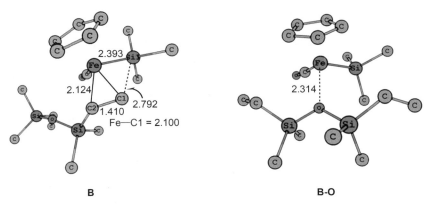

图 5-21 1,3-DVS 配位化合物 **B** 和 **B-O** 的几何结构（键长单位：Å）

成氧化加成产物 CpFe(CO)(H)(SiMe$_3$)$_2$ 略微放能 0.8 kcal/mol，这与 CpFe(CO)H(SiEt$_3$)$_2$ 和还原消除产物 HSiEt$_3$ 和 CpFe(CO)(SiEt$_3$) 之间处于平衡的实验事实非常一致[69]。

5.3.3 端烯基脱氢硅烷化

从 **B** 开始，经由过渡态 **TS(B/C)**，C1=C2 键插入 Fe—Si'键形成中间体 **C**。如图 5-22 所示，该步骤经历改进的 Chalk-Harrod 机理，其自由能垒为 16.1 kcal/mol，且吸能 12.6 kcal/mol，这与钴（Ⅲ）催化烯烃硅氢化反应中甲硅烷基迁移途径类似[13,70]。与 **B** 相比，**TS(B/C)** 中的 Fe—Si'（2.896 Å vs. 2.393 Å）和 C1—C2（1.523 Å vs. 1.410 Å）键的键长变长，而 Si'—C1 的键长变短（2.022 Å vs. 2.792 Å）。在 **C** 中，Fe—C2（2.019 Å）、Si'—C1（1.897 Å）和 C1—C2（1.560 Å）键长相对于 **TS(B/C)** 中 1.939 Å、2.022 Å 和 1.523 Å 略有变化，表示 **TS(B/C)** 为后过渡态结构。这类似于羰基铁催化的烯烃插入 Fe—Si 键[42]。

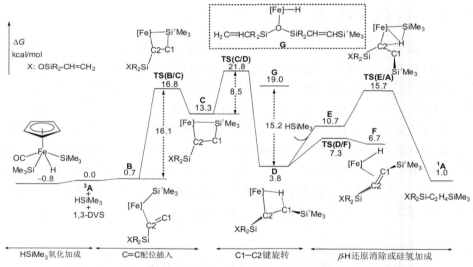

图 5-22 烯烃硅烷化和脱氢过程的自由能曲线（能量单位：kcal/mol）

中间体 **C** 中 Si'连接的三个甲基的空间排斥作用使其不稳定，因此将经由 C1—C2 键的旋转过渡态 **TS(C/D)** 转变为更稳定的中间体 **D**。在结构 **D** 中，两个甲硅烷基在 C1—C2 键的反式位置。该步骤需要克服 5.3 kcal/mol 的自由能垒 [**TS(D/F)**]，并且放能 9.5 kcal/mol。最后，β-H 消除形成反式取代的 C1=C2 双键，完成了在一个末端乙烯基上的脱氢甲硅烷化，并产生 π 烯烃铁氢化物 **F**，该步骤的自由能垒为 3.5 kcal/mol，吸能 2.9 kcal/mol，这反映了具有抓氢作用的物种 **D** 是较稳定的中间体，进一步反应需要首先打破这种抓氢作用。另外，考虑 **D** 与等摩尔 HSiMe$_3$ 发生氢化反应的竞争性，发现形成加合物 **E** 吸能 6.9

kcal/mol，并且随后的复分解氢化步骤较为困难，需克服 11.9 kcal/mol 的自由能垒[TS(E/A)]。与 **D** 相比，氧配位异构体 **G** 非常不稳定，能量比 **D** 高 15.2 kcal/mol，表明抓氢作用对 **D** 的稳定性有贡献。而且 **G** 的能量比 **TS(D/F)**和 **F** 分别高出 11.7 kcal/mol 和 12.3 kcal/mol，这些表明二乙烯基二硅氧烷中的氧不会起配位作用。

5.3.4 端烯加氢

由于实验上没有观察到单独脱氢甲硅烷基化产物和来自一个乙烯基的脱氢甲硅烷基化和氢化组合产物，我们计算了另一当量 $HSiMe_3$ 和 **F** 的第二个乙烯基进行末端烯烃氢化，如图 5-23 所示。由于二乙烯基二硅氧烷中的氧不起配位作用，所以通过交换 C=C 键配位模式来协调 **F** 中的第二个乙烯基插入 Fe—H 键，形成的配合物 **H** 比 **D** 稍微稳定 0.6 kcal/mol，中间体 **H** 也具有抓氢作用。从 **H** 开始，$HSiMe_3$ 氧化配位形成物种 **I** 略微放能 0.6 kcal/mol；这与 $HSiMe_3$ 和 **D** 的氧化配位吸能 6.9 kcal/mol 形成鲜明对比。结构 **I** 中，硅烷与 Fe 中心的连接方式为 η^1-$HSiR'_3$，由 **I** 发生烯烃氢化步骤具有 6.2 kcal/mol 的能垒，并且放能 3.5 kcal/mol。未找到对应于硅烷与铁中心的氧化加成中间体，这类似于 $HSiMe_3$ 与乙烯基铱的反应[71]。

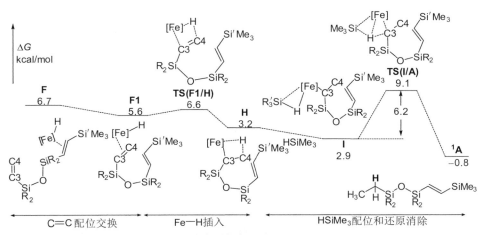

图 5-23 端烯加氢的自由能曲线（能量单位：kcal/mol）

综上所述，我们建议的 $CpFe(CO)_2Me$ 催化 1,3-二乙烯基二硅氧烷与 HMe_3Si 的脱氢甲硅烷基化和氢化的简化反应机理如图 5-24 所示。作为热反应，活性催化剂 $CpFe(CO)SiMe_3$ 经由 CO 辅助路径产生，$HSiMe_3$ 引发乙醛还原消除。从活性催化剂 $CpFe(CO)SiMe_3$ 开始，C=C 配位在能量上比氧配位更有利。从一个乙烯基甲硅烷化中间体 **D** 开始，第二个乙烯基 $H_2C=CH$ 键的氢化具有比反式二甲硅烷基取代的 $CHR=CHR$ 键氢化更低的有效势垒，前者为 6.2 kcal/mol，后者为 11.9 kcal/mol，差值 5.7 kcal/mol 决定了化学选择性。这可以通过 Curtin-Hammett 原理得到很好的解释，即选择性由两个竞争反应之间的能量差决定。从整个反应路径来看，决速步为一个乙烯基 $H_2C=CH$ 键的脱氢甲硅烷基化，化学选择性来自最后一步第二个乙烯基 $H_2C=CH$ 的氢化步骤。1,3-二乙烯基二硅氧烷的氧原子配位不具竞争性，因此不会在动力学和热力学上影响反应。这些理论研究结果很好地解释了实验观察到的化学选择性脱氢甲硅烷基化和氢化，对将来类似催化剂的设计提供理论参考。

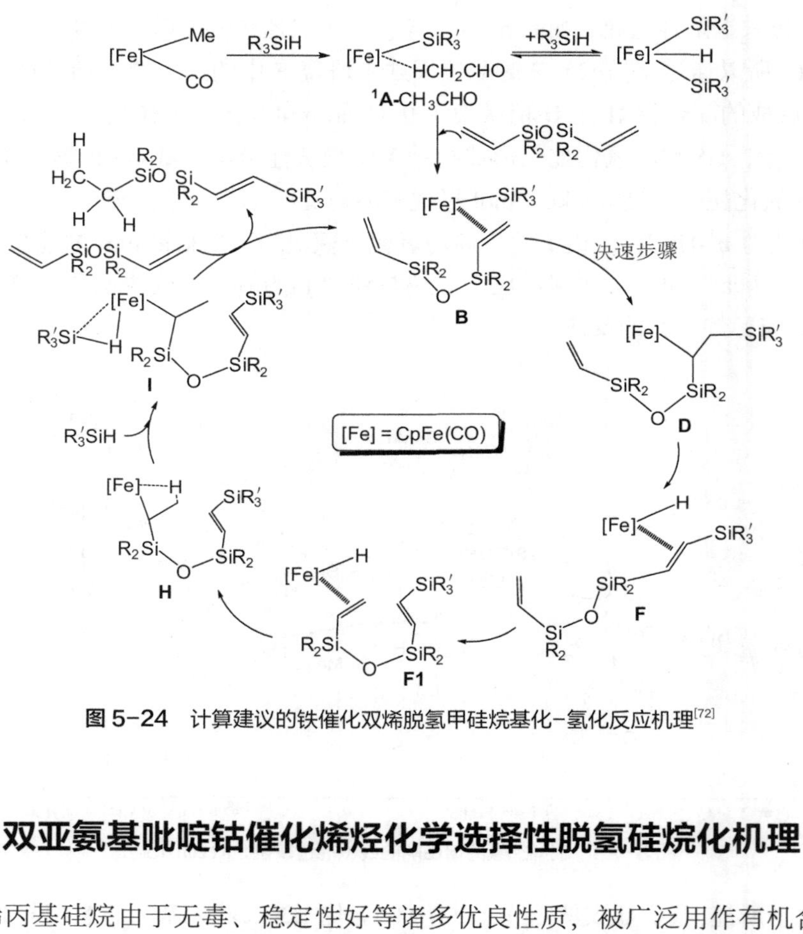

图 5-24 计算建议的铁催化双烯脱氢甲硅烷基化-氢化反应机理[72]

5.4 双亚氨基吡啶钴催化烯烃化学选择性脱氢硅烷化机理

烯丙基硅烷由于无毒、稳定性好等诸多优良性质，被广泛用作有机合成中的通用试剂和中间体。利用烯烃区域选择性脱氢硅烷化反应是制备烯丙基硅烷的一种潜在有吸引力的方法，但也存在很大的挑战，这是由于其存在竞争性的副反应，如硅氢加成产生烷基硅烷或 β-H 消除产生乙烯基硅烷[73]。因此，发展高效、高选择性的非贵金属催化体系具有重要的研究意义。过去大多数用于脱氢硅烷化的催化剂依赖于贵金属，如 Ru[74,75]、Rh[76-78]、Ir[79,80]、Pt[81]、Pd[14]等，近年来，高丰度、低成本和环境友好的铁基、钴基、镍基催化剂引起了人们的广泛关注。特别是，随着高效铁基催化剂的研究开发[82-84]，钴基催化剂的研究也取得了丰硕的成果[85-91]，这些反应具有底物范围广、选择性高的特点。Chirik 等[85]报道的芳基取代双亚氨基吡啶钴-甲基配合物 (^{Mes}PDI)Co(CH$_3$) [^{Mes}PDI = 2,6-(2,4,6-Me$_3$C$_6$H$_2$-N=CMe)$_2$C$_5$H$_3$N] 可以催化各种末端烯烃与商用三级硅烷发生脱氢硅烷化反应：

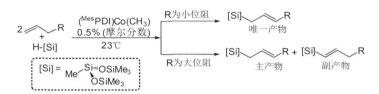

该反应可为发展区域选择性催化体系提供一个理想的模型。(^{Mes}PDI)Co(CH$_3$)催化烯烃脱氢硅烷化反应机理的深入研究将为研发 Co 催化剂体系提供新思路。

自旋态会对反应产生影响，如三重态环戊二烯基钴 CpCo 活化 Si—H 键导致产生单重态甲硅烷基氢化钴，没有 σ 硅烷配合物介入，且硅基钴氢化物转化为二硅基钴二氢化物的双态机制是可行的[92]。本部分对 (^{Mes}PDI)Co(CH$_3$)催化不同位阻烯烃的脱氢硅烷化机理的多种自旋态路径进行详细探讨。从理论上深入理解以下几个问题：①自旋态对反应性的影响，考虑了单重态、三重态和开壳层单重态势能面机理；②链状烯烃插入 Co—Si 键方式的决定因素；③过量烯烃的作用，即 1-辛烯和(EtO)$_3$SiH 的摩尔比为 2∶1；④实验上观察到的化学选择性和区域选择性的原因。

图 5-25 给出了反应的可能机理，三级硅烷激活 LCo-CH$_3$ 形成催化活性物种 LCo-[Si]和 CH$_4$。催化循环包括四个主要步骤：①烯烃插入活性物种的 Co—Si 键生成相应的二级烷基钴配合物；②烷基钴配合物通过 β-H 消除产生烯丙基或乙烯基硅烷和氢化钴配合物 LCo-H；③最后，另一当量的末端烯烃插入 Co—H 键形成烷基钴物种；④烷基钴物种与另一个三级硅烷反应产生活性物种 Co-[Si] 配合物，同时生成烷烃副产物[85]。或者，烷基钴物种不能与三级硅烷反应以得到硅氢加成产物。以 (^{Mes}PDI)Co(CH$_3$) 催化的 1-丁烯（和 4,4-二甲基-1-戊烯）与三级硅烷 HSi(OMe)$_3$ 的脱氢硅烷化作为模型反应。模型 HSi(OMe)$_3$ 代替真实底物 HSi(OEt)$_3$。首先研究了 HSi(OMe)$_3$ 对预催化剂 (^{Mes}PDI)Co(CH$_3$) 的活化作用，揭示了中间产物的自旋状态及其自旋交叉。为阐明化学选择性，对 1-丁烯以 1,2-或 2,1-方式插入 Co—[Si]键和 β-H 还原消除进行了较为全面的

探索研究。最后讨论了副产物烷烃的形成。本部分用 B3LYP 方法获得的化学热力学和动力学数据阐明烯烃插入的化学选择性和区域选择性脱氢硅烷化反应的原因，并解释反应底物比例选择的合理性。为清楚起见，文中图片中给出了各驻点的框架主体结构，省略了芳基、烷氧基和其他取代基团。

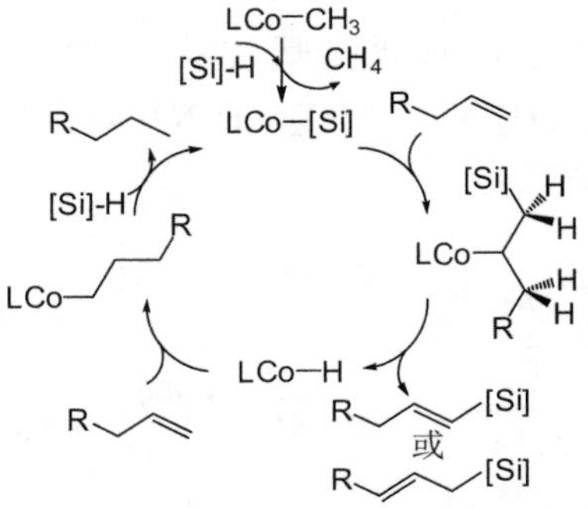

图 5-25 (^{Mes}PDI)Co(CH$_3$)催化末端烯烃与不同位阻硅烷反应的可能机理

活性催化剂 (^{Mes}PDI)Co-[Si] 的形成沿着开壳层单重态势能面进行，即 (^{Mes}PDI)Co(CH$_3$) + HSiR$_3$ ⟶ (^{Mes}PDI)Co-[Si] + CH$_4$，但 (^{Mes}PDI)Co-[Si] 的基态为三重态。以 1-丁烯为底物，E/Z-烯丙基硅烷的形成沿着单重态势能面进行，而且 E-烯丙基硅烷在动力学上比 Z-烯丙基硅烷更有利，因此 E/Z-烯丙基硅烷的化学选择性由动力学控制，预期的产率比值与实验相符。对于体积较大的 4,4-二甲基-1-戊烯，烯丙基硅烷和乙烯基硅烷的选择性是由热力学所控制的，这一点得到了实验中硅烷/烯烃比值（1/4）低的支持。

因为不同自旋态的相对能量很大程度上取决于所选用的泛函[93]，特别是 Hartree-Fock (HF) 交换泛函的比例，我们通过改变 HF 交换量，即 BLYP (0%)、B3LYP* (15%) 和 BHandHLYP (50%) 三种泛函计算了几种多重态在势能面上的相对能量。发现纯密度泛函方法（BLYP）在评价闭壳层单重态活性催化剂 (^{Mes}PDI)Co-[Si] **3** 的稳定性时是错误的，其预测相对稳定性的顺序为 **3** (−10.0 kcal/mol) > ^{OS}**3** (−8.6 kcal/mol) > ^{3}**3** (−6.2 kcal/mol)，如表 5-2 所示。不同方法得到的关键过渡态 **TS4E** 和 **TS4Z** 的相对稳定性顺序与 B3LYP 相似（**TS4E** > **TS4Z**）。混合密度泛函方法 BHandHLYP（含 50%HF 交换泛函）高估了开壳层物种 ^{OS}**3**（比 **1** 稳定 39.0 kcal/mol）和 ^{3}**3**（比 **1** 稳定 51.2 kcal/mol）的稳定性。含 15%HF 交换泛函的 B3LYP*方法支持 B3LYP 方法水平上预测过渡态和中间产物的稳定性趋势。而且 B3LYP 方法计算的开壳层三重态预催化剂 (^{Mes}PDI)Co(CH$_3$)的结构参数与实验数据非常接近[94]，证明 B3LYP 方法在本部分工作中的可靠性[95]。

表 5-2 BLYP、B3LYP*和 BHandHLYP 方法计算得到物种 1、TS1、3、5b、TS4E 和 TS4Z 取三种多重度的相对吉布斯自由能   单位：kcal/mol

物种	ΔG(BLYP)[①]	ΔG(B3LYP*)[①]	ΔG(BHandHLYP)[①]	ΔG(B3LYP)
1	0	0	0	0
^{OS}1	0.5	−1.2	−35.5	−6.8
^{3}1	7.6	−5.0	−38.6	−10.4
TS1	21.0	16.4	24.4	3.3
^{OS}TS1	19.4	15.0	5.0	2.4
^{3}TS1	31.9	21.6	4.3	9.2
3 + CH$_4$	−10.0	−12.4	−14.9	−19.0
^{OS}3 + CH$_4$	−8.6	−13.3	−39.0	−21.4
^{3}3 + CH$_4$	−6.2	−19.2	−51.2	−30.3
5b	0	0	0	0
^{OS}5b	−0.4	−5.6	−34.2	−4.8
^{3}5b	8.8	−1.4	−33.2	−4.8
TS4E	8.6	7.4	12.0	8.4
TS4Z	9.0	8.0	12.5	9.3

① 开壳层单重态的单点能未进行 Yamaguchi 方法校正。

5.4.1 由预催化剂 (^{Mes}PDI)Co(CH$_3$) 生成活性催化物种 (^{Mes}PDI)Co−[Si]：三种多重度路径的能量比较

图 5-26 显示了 (^{Mes}PDI)Co(CH$_3$) 的三种自旋态结构的相对能量和几何参数。在开壳层单重态 (^{Mes}PDI)Co(CH$_3$) (^{OS}Cat) 中，Co ($\rho = 1.000$) 和 PDI 碎片 ($\rho = -0.971$) 之间表现出反铁磁耦合，电荷分布为 Co(+1)-PDI(−1)[96]。三重态结构 ^{3}Cat 的 Co(Ⅰ) ($\rho = 1.245$) 和 PDI$^-$ ($\rho = 0.834$) 具有高自旋态。在 ^{3}Cat 结构中，Co 中心的平面构型略有畸变，计算的键角 N1-Co-CH$_3$ (179.30°) 与晶体数据 (178.94°) 非常吻合。在能量上，^{OS}Cat 比 ^{3}Cat 稳定 2.7 kcal/mol，表明它们之间存在潜在的相互转化和平衡。但闭壳层单重态结构 Cat 的能量比 ^{OS}Cat 高 12.8 kcal/mol，同时还发现闭壳层单重态的键角 N1-Co-CH$_3$ 为 163.04°。因此，^{OS}Cat 和 ^{3}Cat 都可以被认为是基态。

预催化剂 (^{Mes}PDI)Co(CH$_3$) 直接由硅烷活化。如图 5-27 所示，虽然三重态 ^{3}Cat 比闭壳层单重态 Cat 稳定，但氢转移过渡态的三重态结构 ^{3}TS1 比相应的单重态 (TS1 和 ^{OS}TS1) 不稳定 5.9 kcal/mol 和 10.6 kcal/mol，表明从 ^{3}1 到 TS1 有势能面交叉。对于第一最小能量交叉点来说，单重态和三重态相对能量分别位于 14.5 kcal/mol 和 19.8 kcal/mol。在这个交叉点，Si—H 距离变化不大 (1.605 Å，图 5-27)。在 TS1 中，Co、C、Si 和转移 H 构成了一个具有典型 σ 键置换机制的四中心结构[97-103]。如图 5-28 所示，开壳层的单重态自由能曲线是能量最低的，

Co—C 键的裂解需要克服 12.8 kcal/mol 的表观自由能垒，物种 ^{OS}3 和 CH_4 的形成放能 11.1 kcal/mol（相对于 ^{3}Cat）。对于硅烷基钴配合物，三重态 ^{3}3 和开壳层单重态 ^{OS}3 比闭壳层单重态 3 稳定 11.3 kcal/mol 和 5.5 kcal/mol。预催化剂的稳定性顺序为 ^{OS}Cat > ^{3}Cat > Cat，活性催化剂的稳定性顺序为 ^{3}3 > ^{OS}3 > 3。这种活化方式不同于烯烃硼氢化反应，在用 HBPin 处理钴烷基配合物后提供的催化物种为氢化钴[104,105]。另外，1-丁烯和预催化剂的配位与硅烷没有竞争性。芳基环上一个甲基的 C—H 环金属化反应导致 CH_4 的形成，但不容易发生，细节请查看文献[95]。

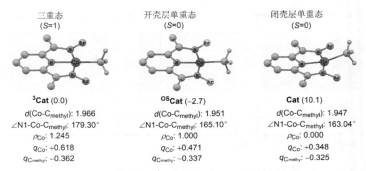

图 5-26 三种自旋态(^{Mes}PDI)Co(CH_3)的结构、相对吉布斯自由能（kcal/mol）、NBO 电荷（q）和 Co 的 Mulliken 自旋密度（ρ）

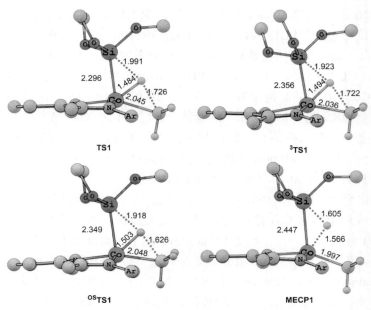

图 5-27 TS1、^{3}TS1、^{OS}TS1 和 MECP1 的几何结构（键长单位：Å）

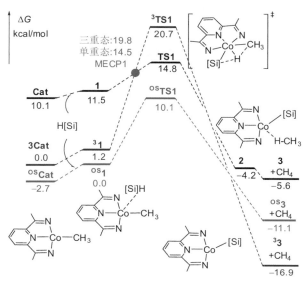

图 5-28 硅烷活化预催化剂 (^{Mes}PDI)Co(CH$_3$) 的自由能曲线（能量单位：kcal/mol）

5.4.2 三种多重度 (^{Mes}PDI)Co-[Si] 催化 1-丁烯的硅烷化脱氢机理

烯烃与硅烷基钴配合物 **3** 反应生成 E-烯丙基硅烷或 Z-烯丙基硅烷[13,85]。我们计算了 1-丁烯插入三种自旋态物种 **3**/^{OS}**3**/^{3}**3** 的 Co—[Si] 键。如图 5-29 所示，三重态势能面比开壳层和闭壳单重态势能面能量低。例如，三重态 1-丁烯配合物（^{3}**4**）的能量比单重态（**4**）低 1.5 kcal/mol。1-丁烯配位加合物的稳定性顺序为 ^{3}**4** > **4** > ^{OS}**4**。三重态插入过渡态 ^{3}**TS2** 的能量最低，单重态 **TS2** 和 ^{OS}**TS2** 的能量分别比 ^{3}**TS2** 高 4.3 kcal/mol 和 3.5 kcal/mol。预测烯烃配位到单重态 (^{Mes}PDI)Co-[Si] 形成 **4** 的过程是热平衡的。重要的是，活性催化剂 ^{OS}**3** 的形成放能 11.1 kcal/mol，这推动了反应的进行。在催化循环中，开壳层硅烷基钴配合物 ^{OS}**3** 转变为三重态物种 ^{3}**3** 放出能量 5.8 kcal/mol。因此，反应将沿着三重态势能面进行，形成钴硅烷基配合物 ^{3}**5a**。1-丁烯插入产物的稳定性顺序为 **5a** > ^{3}**5a** > ^{OS}**5**；钴硅烷基配合物 **5a** 被预测为稳定的中间产物，可以称其为静息态，因为形成五元环 Co—C2—C1—Si—O 产生了额外的稳定能。

如图 5-29，由于 **5a** 的亚甲基在空间的位置不适合发生 β-H 还原消除，物种 **5a** 将转化为物种 **5b**，使 Co—C2 键位于 Co 中心的平面正方形配位点上。在这里，^{3}**5b** 的能量分别比 **5b** 和 ^{OS}**5b** 低 4.8 kcal/mol 和 1.7 kcal/mol。对于 **5a** 中 Co—O 键的断裂引起的五元环打开，闭壳层单重态过程（**5a → 5b**）吸能 6.6 kcal/mol，而三重态过程（^{3}**5a → ^{3}5b**）放出能量 3.7 kcal/mol。经过多次尝试，

只找到连接 **5a** 和 **5b** 的闭壳层单重态过渡态 **TS(5a/5b)**，能垒为 11.3 kcal/mol，但无法找到相应的三重态过渡态。而且，我们发现自旋交叉可以通过单重态和三重态势能面的最小能量交叉点（**MECP2**）发生。**MECP2** 的几何特征与 **TS(5a/5b)** 相似，Co-O 距离为 2.638 Å/2.560 Å。**MECP2** 的单重态和三重态仅比 **TS(5a/5b)** 低 1.0 kcal/mol 和 1.7 kcal/mol，表明从 **5a** 到 **5b** 的转化过程容易进行，且不影响整个反应的转化频率（TOF）。

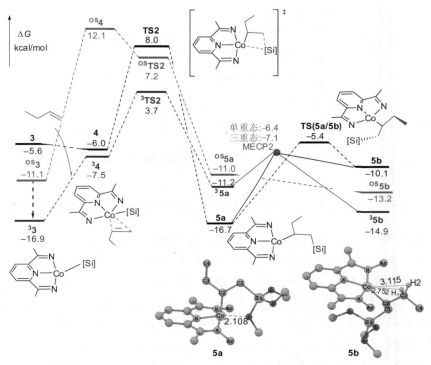

图 5-29 1-丁烯插入 Co—Si 键的反应路径的自由能曲线

能量单位：kcal/mol；键长单位：Å

同时，我们计算了 1-丁烯以 1,2-插入(^{Mes}PDI)Co-[Si]模式的竞争性，发现三重态势能面比单重态势能面更稳定（7.8 kcal/mol vs. 13.6 kcal/mol），1,2-插入比 2,1-插入具有更高的势垒（7.8 kcal/mol vs. 3.7 kcal/mol），如图 5-30。这些计算结果告诉我们，1,2-插入没有竞争性，不需要关注 1,2-插入的后续反应，而且在实验中没有观察到 2-硅烷基-1-丁烯类似产物，这里显示了理论与实验的一致性。另外，4,4-二甲基-1-戊烯经由 1,2-插入 Co—[Si]键的反应能垒比 2,1-插入高 3.6 kcal/mol（8.5 kcal/mol vs. 4.9 kcal/mol），这与 1-丁烯的插入反应相同，因此在后面所讨论的 4,4-二甲基-1-戊烯的反应中也不考虑 1,2-插入的后续反应。

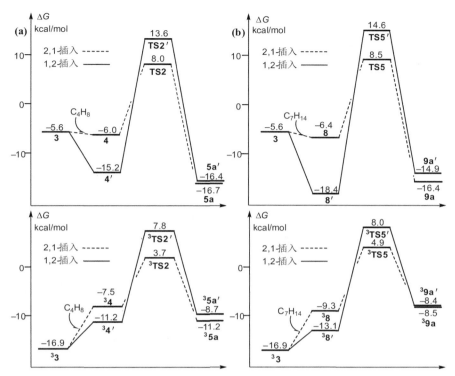

图 5-30 烯烃 1,2-插入和 2,1-插入 (^{Mes}PDI)Co—[Si]键的自由能曲线（能量单位：kcal/mol）

烷基钴中间体 **5b** 发生 C—H 还原消除，获得氢化钴物种 **6**。**5b** 的 C3—H 键容易活化，氢转移非常容易。三种自旋态势能面曲线如图 5-31 所示，比较可以得出，三重态 ^{3}**TS4E** 和 ^{3}**TS4Z** 的相对能量高于相应的单重态。由 ^{3}**5b** 引发的 C—H 还原存在一个自旋交叉点，单重态过渡态 **TS4E** 的能量比 **TS4Z** 低 0.9 kcal/mol，但 *E*-烯丙基硅烷配合物 **6E** 的稳定性比 *Z*-烯丙基硅烷配合物 **6Z** 差 1.7 kcal/mol，**6E** 中的烯丙基硅烷解离只有闭壳层单重态过渡态，而 **6Z** 中的乙烯基硅烷解离过渡态没有找到。基于闭壳层单重态 **6E/6Z**，对烯丙基硅烷/乙烯基硅烷与 Co 中心的距离变化进行扫描计算，如图 5-32，结果表明，随着 Co—C 键的伸长，能量呈增加趋势。需要指出的是，氢化钴物种 (^{Mes}PDI)Co(H) 和产物烯丙基硅烷的总能量高于假定的过渡态（TS），这并不奇怪；因为假定的双亚氨基吡啶钴氢化物 (^{Mes}PDI)Co(H) 不稳定，这支持文献所报道的实验上不能由 (^{Mes}PDI)Co(CH$_3$) 加氢合成 (^{Mes}PDI)Co(H)[85]。因此，产物烯丙基硅烷不会完全解离，而是由 1-丁烯取代 *E*-烯丙基硅烷或 *Z*-烯丙基硅烷使得产物释放，取代过程分别释放能量 2.5 kcal/mol 或 5.5 kcal/mol。另外，S$_N$2 协同交换路径，即过量的末端烯烃对 **6E/6Z** 的 Co 中心进行攻击的同时释放烯丙基硅烷，但未能找到相关过渡态。由于取代过程具有较大的放能而更为可行，决定选择性的是 **TS4Z**

和 TS4E 之间的差异，也可能是由于 6Z/7+Z 和 6E/7+E 之间的 TSs 难以获得，会有更高的动力学能垒。

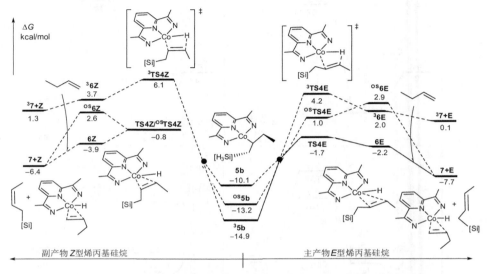

图 5-31　C—H 还原消除生成 E 型和 Z 型烯丙基硅烷的自由能曲线（能量单位：kcal/mol）

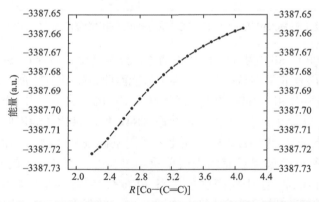

图 5-32　基于闭壳层单重态 6E，钴中心解离 E 型烯丙基硅烷的能量扫描图

从图 5-31 发现 E-烯丙基硅烷（**E**）比 Z-烯丙基硅烷（**Z**）稳定 1.3 kcal/mol。除了烯丙基硅烷的形成外，我们还计算了乙烯基硅烷的竞争性（图 5-33）。**5b** 的 C1 位置不容易发生 C–H 还原消除，需要转变为结构 **5**，生成乙烯基硅烷的单重态和三重态过渡态（**TS3** 和 ^{3}**TS3**）的能量比 **TS4E** 高 2.9 kcal/mol 和 8.2 kcal/mol，比 **TS4Z** 的能量高 2.0 kcal/mol 和 7.3 kcal/mol。乙烯基硅烷的稳定性分别比 E-烯丙基硅烷和 Z-烯丙基硅烷低，能量分别高出 2.4 kcal/mol 和 1.1 kcal/mol。因此，乙烯基硅烷的形成在热力学和动力学上都不可行。

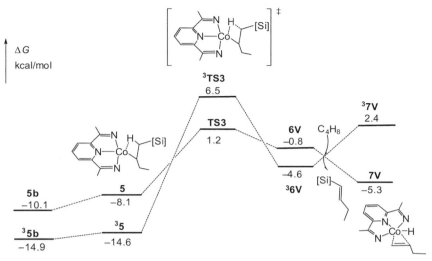

图 5-33 配合物 **5b** 的 C1—H 还原消除的自由能曲线（能量单位：kcal/mol）

在三重态势能面上，决定 E/Z 选择性为过渡态 ^{3}**TS4E** 和 ^{3}**TS4Z**，其自由能差为 1.9 kcal/mol 时，E 产物的选择性产率为 96% 左右。在单重态势能面上，**TS4E** 比 **TS4Z** 稳定 0.9 kcal/mol，E 产物的选择性产率为 82%。开壳层单重态势能面比单重态势能面具有更高的能量。考虑到单重态和三重态势能面的交叉，预期的 E/Z 立体选择性比率可能由 **TS4E** 和 **TS4Z** 的能量差决定，经换算产物 **E** 和 **Z** 的比率为 4.6∶1，这与实验（1.6∶1）较一致。E 型产物选择性在动力学上略为有利，在热力学方面更为有利。

5.4.3　(^{Mes}PDI)Co-[Si]催化 4,4-二甲基-1-戊烯的硅烷化脱氢机理

实验上 4,4-二甲基-1-戊烯的脱氢硅烷化反应中，观察到产物为烯丙基硅烷和乙烯基硅烷的混合物，产率比为 78∶22。本部分为了理解产物选择性低的来源，从理论上计算了 4,4-二甲基-1-戊烯插入 Co—[Si]键和 β-H 还原消除过程，图 5-34 和图 5-35 给出了相应的自由能曲线。如图 5-34 所示，与 1-丁烯插入 Co—[Si]键类似，4,4-二甲基-1-戊烯经由三重态路径完成插入反应，表观活化能垒为 4.9 kcal/mol；而且发现 4,4-二甲基-1-戊烯发生 C=C 键插入 Co—[Si]键的过渡态 ^{3}**TS5** 的能量比 ^{3}**TS2** 高 1.2 kcal/mol，这表明 1-丁烯的插入比 4,4-二甲基-1-戊烯容易。但 4,4-二甲基-1-戊烯与活性催化物种 ^{3}**3** 配位形成的 π 配合物 ^{3}**8** 比 ^{3}**4** 更容易，以反应物为参考零点，^{3}**8** 比 ^{3}**4** 的相对能量低 1.8 kcal/mol。物种 **9a** 的稳定性几乎与 **5a** 相当，因此也被视为静息态物种。**5a** 比 ^{3}**5a** 稳定 5.5 kcal/mol，**9a** 比 ^{3}**9a** 稳定 7.9 kcal/mol。

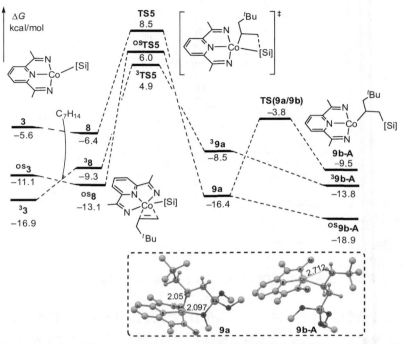

图 5-34 4,4-二甲基-1-戊烯插入 Co—[Si]键的自由能曲线（能量单位：kcal/mol）

比较 **9a** 的五元环打开异构化的三种多重度路径，闭壳层单重态异构化过程（**9a** → **9b-A**）吸能 6.9 kcal/mol，而三重态异构化过程（^{3}**9a** → ^{3}**9b-A**）放能 5.3 kcal/mol。与 1-丁烯反应体系相似，仅找到连接 **9a** 和 **9b-A** 之间的闭壳层单重态过渡态结构 **TS(9a/9b)**，计算相应的能垒为 12.6 kcal/mol。但与 1-丁烯体系不同之处在于，五元环打开后，开壳层单重态 ^{OS}**9b-A** 比 ^{3}**9b-A** 和 **9b-A** 分别稳定 5.1 kcal/mol 和 9.4 kcal/mol，这对随后的 β-H 消除有很大的影响（图 5-35）。

图 5-35 给出了由 4,4-二甲基-1-戊烯插入 Co—[Si]键产物 **9b-A** 引发的 β-H 还原消除反应历程，探讨形成烯丙基和乙烯基硅烷的三种自旋态势能面曲线。与 1-丁烯的情况类似，在单重态势能面上，五元环中间体 **9a** 应异构化为 **9b-A**，其中 H_{C3} 原子变得接近 Co 原子（2.712 Å）。从 **9b-A** 开始，经由过渡态 **TS6**，C3—H3 键直接断裂形成烯丙基硅烷配位配合物 **10A**，反应能垒为 12.1 kcal/mol。相比之下，物种 **9b-A** 不能经历 C1—H1 还原消除，必须经历 C1—C2 σ 单键旋转，以使亚甲基（$C1H_2$）接近金属中心，形成抓氢键中间体 **9c-V**。然而，旋转过渡态未能找到，但存在中间体 **9b-V**。虽然 ^{3}**9b-A** 比 **9b-A** 稳定 4.3 kcal/mol，但三重态势能面比单重态能量高，即 ^{3}**TS7** 的相对自由能为 5.1 kcal/mol，^{3}**TS6** 的相对自由能为 5.7 kcal/mol。因此，从配合物 **9b-A** 开始，C—H 还原消除产

生乙烯基硅烷是一个多步反应历程，其能垒比烯丙基硅烷的形成低 2.6 kcal/mol（**TS6** vs. **TS7**）。在单重态势能面上，与烯丙基硅烷配合物的生成相比，乙烯基硅烷配合物的形成在动力学上稍微有利一些，这与实验上有利于烯丙基硅烷而不是乙烯基硅烷（78∶22）不一致。我们注意到，在开壳层单重态势能面上，中间体 **10A** 和 **10V** 的能量分别比相应的过渡态（^{OS}**TS6** 和 ^{OS}**TS7**）高 1.4 kcal/mol 和 2.7 kcal/mol，逆反应回到最稳定的中间产物 ^{OS}**9b-A** 要容易得多。考虑到单重态势能面，从 **10V** 到 **9c-V** 和从 **10A** 到 **9b-A** 的逆向反应势垒也很低，分别为 2.9 kcal/mol 和 2.6 kcal/mol，这表明在反应条件下闭壳层单重态与开壳层单重态势能面之间可能存在平衡。实际上，产物的选择性可能由反应热力学决定，即最后一步烯烃交换，烯丙基硅烷（**A**）的形成比乙烯基硅烷（**V**）有利（1.2 kcal/mol），理论换算得到产物烯丙基硅烷（**A**）与乙烯基硅烷的比例为 88∶12，这与实验（78∶22）非常相近[85]。这种热力学性质决定产物选择性可以解释实验中使用的硅烷与烯烃的比例为 1∶4。

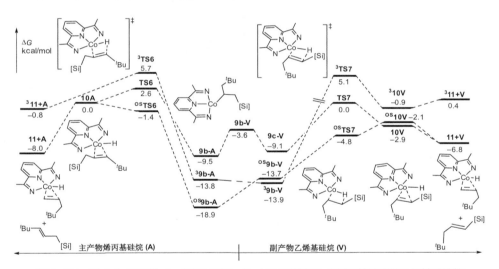

图 5-35 以 4,4-二甲基-1-戊烯为底物，C—H 还原消除生成烯丙基硅烷和乙烯基硅烷的自由能曲线（能量单位：kcal/mol）

5.4.4 副产物烷烃生成的重要性

如图 5-36 所示，E 型烯丙基硅烷配合物 **6E** 经历烯烃交换，释放烯丙基硅烷的同时 1-丁烯配位单重态物种 **7** 形成。单重态 **7** 比相应的三重态 ^{3}**7** 稳定 7.8 kcal/mol。以单重态 **7** 为起点，烯烃 C═C 键插入 Co—H 键经由四中心过渡态 **TS8** 形成稳定的双亚氨基吡啶钴烷基物种 **11**，该途径的反应能垒非常低，仅为 2.7 kcal/mol,而且放能 4.0 kcal/mol。与闭壳层单重态相比,三重态路径(^{3}7 → ^{3}TS8 → ^{3}11)能量较高。1-丁烯插入 Co—H 键的低活化能垒表明双亚氨基吡啶钴烷基中间体容易形成,非常符合 Atienza 等的化学计量实验[85],以及 Gibson 等关于快速制备双亚氨基吡啶钴烷基配合物的建议[106]。烷基钴结构 ^{OS}11 被预测为最稳定物种,以 ^{3}Cat 为参考零点,相对能量为 −23.4 kcal/mol,这与观察到的双亚氨基吡啶烷基钴作为静息态一致[85]。而且丁基钴化合物的开壳层单重态(^{OS}11)和三重态(^{3}11)分别比闭壳层单重态(11)稳定 11.7 kcal/mol 和 10.2 kcal/mol。因此,有必要计算最后一步丁烷生成的三种自旋态路径。如图 5-36 所示,开壳层单重态势能面能量最低,相应的过渡态(^{OS}TS9)比单重态(TS9)和三重态(^{3}TS9)分别稳定 2.6 kcal/mol 和 6.6 kcal/mol。与实验结果一致,双亚氨基吡啶钴烷基与硅烷的反应释放烷烃。

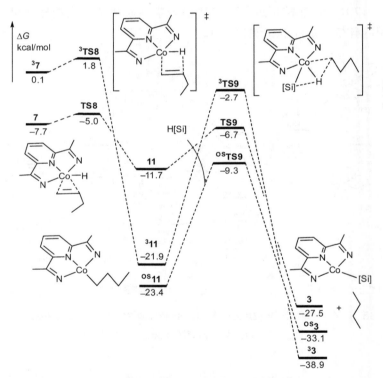

图 5-36　1-丁烷的生成和催化剂再生的自由能曲线(能量单位: kcal/mol)

根据 Shaik 的能量跨度模型[107],对反应的转换频率(turnover frequency,TOF)进行了计算。转换频率是单位时间内单个活性位点的转化数。TOF 值衡量的是一个催化剂催化反应的速率。整个催化循环的 TOF 决定过渡态(TDTS)和 TOF 决定中间体(TDI)分别为 ^{3}TS2 和 ^{3}3,这是影响反应速率的关键物种。

TDTS 为烯烃插入过渡态，TDTS 出现在 TDI 之后，计算得到 TOF 为 18 h^{-1}。具体计算见文献[95]。

本部分通过密度泛函理论详细研究了 (^{Mes}PDI)Co(CH$_3$) 催化烯烃脱氢硅烷化反应的整个催化循环。鉴于钴配合物的复杂自旋态，探究了三种多重度势能面，即闭壳层单重态、三重态和开壳层单重态，确定了最小能量交叉点。底物硅烷与 (^{Mes}PDI)Co(CH$_3$) 得到活性催化物种 (^{Mes}PDI)Co-[Si]，同时释放 CH$_4$，该过程遵循开壳层单重态路径。以 1-丁烯为底物时，1-丁烯与活性催化剂(^{Mes}PDI)Co-[Si] 的最佳配位和 2,1-插入以三重态路径为最低能量途径，而 1-丁烯的 1,2-插入动力学不利，不具有竞争性。这与实验中烯丙基硅烷为唯一产物是一致的。β-H 消除生成 E 型烯丙基硅烷沿单重态势能面进行最有利，且 E 烯丙基硅烷优于 Z 烯丙基硅烷的选择性受动力学控制。此外，形成硅烷基烷烃的硅氢加成反应不具有竞争性，这是由于第二分子的硅烷基和金属相连接的硅烷基之间的空间位阻太大，与实验中没有观察到硅氢加成产物相一致。大体积 4,4-二甲基-1-戊烯作为底物，烯烃配位、插入和 β-H 消除的势能面与 1-丁烯类似。不同的是，烯丙基硅烷和乙烯基硅烷的选择性受热力学控制，驱动力是烯丙基硅烷或乙烯基硅烷与反应底物烯烃交换的热力学优势，这由实验上所要求的高的烯烃/硅烷比所支持。

参考文献

[1] Roy A K. A review of recent progress in catalyzed homogeneous hydrosilation (hydrosilylation). *Adv Organomet Chem*, **2007**, 55: 1-59.

[2] Nakao Y, Hiyama T. Silicon-based cross-coupling reaction: An environmentally benign version. *Chem Soc Rev*, **2011**, 40 (10): 4893-4901.

[3] Marciniec B. Catalysis of hydrosilylation of carbon-carbon multiple bonds: Recent progress. *Silicon Chem*, **2002**, 1 (3): 155-174.

[4] Sommer L H, Pietrusza E W, Whitmore F C. Peroxide-catalyzed addition of trichlorosilane to 1-octene. *J Am Chem Soc,* **1947**, 69 (1): 188.

[5] El-Abbady A M, Anderson L C. γ-Ray initiated reactions. Ⅱ. The addition of silicon hydrides to alkenes. *J Am Chem Soc*, **1958**, 80 (7): 1737-1739.

[6] Burkhard C A, Krieble R H. Alkylation of hydrochlorosilanes. *J Am Chem Soc*, **1947**, 69 (11): 2687-2689.

[7] Speier J L, Webster J A, Barnes G H. The addition of silicon hydrides to olefinic double bonds. Part Ⅲ. The use of group Ⅷ metal catalysts. *J Am Chem Soc*, **1957**, 79 (4): 974-979.

[8] Watanabe H, Aoki M, Sakurai N, et al. Selective synthesis of mono-alkyldichlorosilanes via the reaction of olefins with dichlorosilane catalyzed by group Ⅷ metal phosphine complexes. *J Organomet Chem*, **1978**, 160 (2): C1-C7.

[9] Johnson C R, Raheja R K. Hydrosilylation of enones: Platinum divinyltetramethyldisiloxane

complex in the preparation of triisopropylsilyl and triphenylsilyl enol ethers. *J Org Chem*, **1994**, 59 (9): 2287-2288.

[10] Chalk A J, Harrod J F. Homogeneous catalysis. Ⅱ. The mechanism of the hydrosilation of olefins catalyzed by group Ⅷ metal complexes. *J Am Chem Soc,* **1965**, 87 (1): 16-21.

[11] Seitz F, Wrighton M S. Photochemical reaction of [(CO)$_4$Co(SiEt$_3$)] with ethylene: Implications for cobaltcarbonyl-catalyzed hydrosilation of alkenes. *Angew Chem Int Ed Eng*, **1988**, 27 (2): 289-291.

[12] Bergens S H, Noheda P, Whelan J, et al. Asymmetric catalysis. Mechanism of asymmetric catalytic intramolecular hydrosilylation. *J Am Chem Soc,* **1992**, 114 (6): 2128-2135.

[13] Brookhart M, Grant B E. Mechanism of a cobalt(Ⅲ)-catalyzed olefin hydrosilation reaction: Direct evidence for a silyl migration pathway. *J Am Chem Soc,* **1993**, 115 (6): 2151-2156.

[14] LaPointe A M, Rix F C, Brookhart M. Mechanistic studies of palladium(Ⅱ)-catalyzed hydrosilation and dehydrogenative silation reactions. *J Am Chem Soc,* **1997**, 119 (5): 906-917.

[15] Sakaki S, Mizoe N, Sugimoto M, et al. Pt-catalyzed hydrosilylation of ethylene. A theoretical study of the reaction mechanism. *Coord Chem Rev*, **1999**, 190-192: 933-960.

[16] Giorgi G, Angelis F D, Re N, et al. A density functional study on the Pt(0)-catalysed hydrosilylation of ethylene. *J Mol Struct: Theochem*, **2003**, 623 (1): 277-288.

[17] Sakaki S, Mizoe N, Sugimoto M. Theoretical study of platinum(0)-catalyzed hydrosilylation of ethylene. Chalk-Harrod mechanism or modified Chalk-Harrod mechanism. *Organometallics*, **1998**, 17 (12): 2510-2523.

[18] Sakaki S, Sumimoto M, Fukuhara M, et al. Why does the rhodium-catalyzed hydrosilylation of alkenes take place through a modified Chalk-Harrod mechanism? A theoretical study. *Organometallics*, **2002**, 21 (18): 3788-3802.

[19] Glaser P B, Tilley T D. Catalytic hydrosilylation of alkenes by a ruthenium silylene complex. evidence for a new hydrosilylation mechanism. *J Am Chem Soc*, **2003**, 125 (45): 13640-13641.

[20] Böhme U. Hydrosilylation vs. [2+2]-cycloaddition: A theoretical study with iron and ruthenium complexes. *J Organomet Chem*, **2006**, 691 (21): 4400-4410.

[21] Beddie C, Hall M B. Do B3LYP and CCSD(T) predict different hydrosilylation mechanisms? Influences of theoretical methods and basis sets on relative energies in ruthenium-silylene-catalyzed ethylene hydrosilylation. *J Phys Chem A*, **2006**, 110 (4): 1416-1425.

[22] Beddie C, Hall M B. A theoretical investigation of ruthenium-catalyzed alkene hydrosilation: Evidence to support an exciting new mechanistic proposal. *J Am Chem Soc,* **2004**, 126 (42): 13564-13565.

[23] Tuttle T, Wang D, Thiel W. Mechanism of olefin hydrosilylation catalyzed by RuCl$_2$(CO)$_2$(PPh$_3$)$_2$: A DFT study. *Organometallics*, **2006**, 25 (19): 4504-4513.

[24] Tuttle T, Wang D, Thiel W, et al. Mechanism of olefin hydrosilylation catalyzed by [RuCl-(NCCH$_3$)$_5$]$^+$: A DFT study. *J Organomet Chem*, **2007**, 692 (11): 2282-2290.

[25] Nesmeyanov A N, Freidlina R K, Chukovskaya E C, et al. Addition, substitution, and

telomerization reactions of olefins in the presence of metal carbonyls or colloidal iron. *Tetrahedron*, **1962**, 17 (1): 61-68.

[26] Schroeder M A, Wrighton M S. Pentacarbonyliron(0) photocatalyzed reactions of trialkyl-silanes with alkenes. *J Organomet Chem*, **1977**, 128 (3): 345-358.

[27] Graham W A G, Jetz W. Silicon-transition metal chemistry. Ⅰ. Photochemical preparation of silyl-(transition metal) hydrides. *Inorg Chem*, **1971**, 10 (1): 4-9.

[28] Bellachioma G, Cardaci G, Colomer E, et al. Reactivity of $Fe(CO)_4(H)MPh_3$ (M = Si, Ge) and mechanism of substitution by two-electron-donor ligands: Implications for the mechanism of hydrosilylation of olefins catalyzed by iron pentacarbonyl. *Inorg Chem*, **1989**, 28 (3): 519-525.

[29] Connolly J W. Reaction between hydridotetracarbonyl(trichlorosilyl)iron, $HFe(CO)_4SiCl_3$, and conju- gated dienes. Evidence for a free radical mechanism. *Organometallics*, **1984**, 3 (9): 1333-1337.

[30] Snee P T, Payne C K, Kotz K T, et al. Triplet organometallic reactivity under ambient conditions: An ultrafast UV pump/IR probe study. *J Am Chem Soc*, **2001**, 123 (10): 2255-2264.

[31] Schroeder M A, Wrighton M S. Pentacarbonyliron(0) photocatalyzed hydrogenation and isomer-ization of olefins. *J Am Chem Soc*, **1976**, 98 (2): 551-558.

[32] Asatryan R, Ruckenstein E. Mechanism of iron carbonyl-catalyzed hydrogenation of ethylene. 1. Theoretical exploration of molecular pathways. *J Phys Chem A*, **2013**, 117 (42): 10912-10932.

[33] Farrugia L J, Evans C. Experimental X-ray charge density studies on the binary carbonyls $Cr(CO)_6$, $Fe(CO)_5$, and $Ni(CO)_4$. *J Phys Chem A*, **2005**, 109 (39): 8834-8848.

[34] Barnes L A, Rosi M, Bauschlicher C W. An ab initio study of $Fe(CO)_n$, n=1,5, and $Cr(CO)_6$. *J Chem Phys*, **1991**, 94 (3): 2031-2039.

[35] Poliakoff M, Weitz E. Shedding light on organometallic reactions: The characterization of tetra- carbonyliron ($Fe(CO)_4$): A prototypical reaction intermediate. *Acc Chem Res*, **1987**, 20 (11): 408-414.

[36] Daniel C, Benard M, Dedieu A, et al. Theoretical aspects of the photochemistry of organometallics. 3. Potential energy curves for the photodissociation of pentacarbonyliron ($Fe(CO)_5$). *J Phys Chem*, **1984**, 88 (21): 4805-4811.

[37] Carreón-Macedo J L, Harvey J N. Computational study of the energetics of $^3Fe(CO)_4$, $^1Fe(CO)_4$ and $^1Fe(CO)_4(L)$: L = Xe, CH_4, H_2 and CO. *Phys Chem Chem Phys*, **2006**, 8 (1): 93-100.

[38] Waller I M, Hepburn J W. State-resolved photofragmentation dynamics of $Fe(CO)_5$ at 193, 248, 266, and 351 nm. *J Chem Phys*, **1988**, 88 (10): 6658-6669.

[39] Portius P, Yang J, Sun X Z, et al. Unraveling the photochemistry of $Fe(CO)_5$ in solution: Observation of $Fe(CO)_3$ and the conversion between $^3Fe(CO)_4$ and $^1Fe(CO)_4(Solvent)$. *J Am Chem Soc*, **2004**, 126 (34): 10713-10720.

[40] Besora M, Carreón-Macedo J L, Cowan A J, et al. A combined theoretical and experimental

study on the role of spin states in the chemistry of Fe(CO)$_5$ photoproducts. *J Am Chem Soc*, **2009**, 131 (10): 3583-3592.

[41] Lewis K E, Golden D M, Smith G P. Organometallic bond dissociation energies: Laser pyrolysis of iron pentacarbonyl, chromium hexacarbonyl, molybdenum hexacarbonyl, and tungsten hexacarbonyl. *J Am Chem Soc*, **1984**, 106 (14): 3905-3912.

[42] Guo C H, Liu X, Jia J, et al. Computational insights into the mechanism of iron carbonyl-catalyzed ethylene hydrosilylation or dehydrogenative silylation. *Comput Theor Chem*, **2015**, 1069: 66-76.

[43] Schneider N, Finger M, Haferkemper C, et al. Multiple reaction pathways in rhodium catalyzed hydrosilylations of ketones. *Chem- Eur J*, **2009**, 15 (43): 11515-11529.

[44] Sakaki S, Takayama T, Sumimoto M, et al. Theoretical study of the Cp$_2$Zr-catalyzed hydro-silylation of ethylene. Reaction mechanism including new σ-bond activation. *J Am Chem Soc*, **2004**, 126 (10): 3332-3348.

[45] Brinkman K C, Blakeney A J, Krone-Schmidt W, et al. Alkylation and acylation of the iron carbonyl anion [(CO)$_4$FeSi(CH$_3$)$_3$]$^-$ evidence for 1,3-silatropic shifts from iron to acyl oxygen. *Organometallics*, **1984**, 3 (9): 1325-1332.

[46] Ozawa F, Hikida T, Hayashi T. Reductive elimination of *cis*-PtMe(SiPh$_3$)(PMePh$_2$)$_2$. *J Am Chem Soc*, **1994**, 116 (7): 2844-2849.

[47] Lachaize S, Vendier L, Sabo-Etienne S. Silyl and σ-silane ruthenium complexes: Chloride sub-stituent effects on the catalysed silylation of ethylene. *Dalton Trans*, **2010**, 39 (36): 8492-8500.

[48] Sawyer K R, Glascoe E A, Cahoon J F, et al. Mechanism for iron-catalyzed alkene isomerization in solution. *Organometallics*, **2008**, 27 (17): 4370-4379.

[49] Hayes D M, Weitz E. A study of the kinetics of reaction of iron tricarbonyl and Fe(CO)$_3$(L) with hydrogen and ethene for L = hydrogen and ethene by transient infrared spectroscopy: Reactions relevant to olefin hydrogenation kinetics. *J Phys Chem*, **1991**, 95 (7): 2723-2727.

[50] Barnhart T M, Fenske R F, McMahon R J. Isomerism in coordinatively unsaturated tricarbonyl-.eta. 2-etheneiron complexes. *Inorg Chem*, **1992**, 31 (13): 2679-2681.

[51] Bart S C, Lobkovsky E, Chirik P J. Preparation and molecular and electronic structures of iron(0) dinitrogen and silane complexes and their application to catalytic hydrogenation and hydrosilation. *J Am Chem Soc*, **2004**, 126 (42): 13794-13807.

[52] Archer A M, Bouwkamp M W, Cortez M P, et al. Arene coordination in bis(imino)pyridine iron complexes: Identification of catalyst deactivation pathways in iron-catalyzed hydrogenation and hydrosilation. *Organometallics*, **2006**, 25 (18): 4269-4278.

[53] Hojilla Atienza C C, Tondreau A M, Weller K J, et al. High-selectivity bis(imino)pyridine iron catalysts for the hydrosilylation of 1,2,4-trivinylcyclohexane. *ACS Catal*, **2012**, 2 (10): 2169-2172.

[54] Kamata K, Suzuki A, Nakai Y, et al. Catalytic hydrosilylation of alkenes by iron complexes containing terpyridine derivatives as ancillary ligands. *Organometallics*, **2012**, 31 (10): 3825-3828.

[55] Tondreau A M, Atienza C C H, Darmon J M, et al. Synthesis, electronic structure, and alkene hydrosilylation activity of terpyridine and bis(imino)pyridine iron dialkyl complexes. *Organometallics*, **2012**, 31 (13): 4886-4893.

[56] Peng D, Zhang Y, Du X, et al. Phosphinite-iminopyridine iron catalysts for chemoselective alkene hydrosilylation. *J Am Chem Soc*, **2013**, 135 (51): 19154-19166.

[57] Tondreau A M, Atienza C C H, Weller K J, et al. Iron catalysts for selective anti-Markovnikov alkene hydrosilylation using tertiary silanes. *Science*, **2012**, 335 (6068): 567-570.

[58] Sunada Y, Noda D, Soejima H, et al. Combinatorial approach to the catalytic hydrosilylation of styrene derivatives: Catalyst systems composed of organoiron(0) or (II) precursors and isocyanides. *Organometallics*, **2015**, 34 (12): 2896-2906.

[59] Randolph C L, Wrighton M S. Photochemical reactions of (5-pentamethylcyclopenta-dienyl)di-carbonyliron alkyl and silyl complexes: Reversible ethylene insertion into an iron-silicon bond and implications for the mechanism of transition-metal-catalyzed hydrosilation of alkenes. *J Am Chem Soc*, **1986**, 108 (12): 3366-3374.

[60] Kakiuchi F, Tanaka Y, Chatani N, et al. Completely selective synthesis of (*E*)-*β*-(triethylsilyl) styrenes by $Fe_3(CO)_{12}$-catalyzed reaction of styrenes with triethylsilane. *J Organomet Chem*, **1993**, 456 (1): 45-47.

[61] Marciniec B, Majchrzak M. Competitive silylation of olefins with vinylsilanes and hydrosilanes photocatalyzed by iron carbonyl complexes. *Inorg Chem Commun*, **2000**, 3 (7): 371-375.

[62] Naumov R N, Itazaki M, Kamitani M, et al. Selective dehydrogenative silylation-hydrogenation reaction of divinyldisiloxane with hydrosilane catalyzed by an iron complex. *J Am Chem Soc*, **2012**, 134 (2): 804-807.

[63] Ehlers A W, Böhme M, Dapprich S, et al. A set of f-polarization functions for pseudo-potential basis sets of the transition metals Sc-Cu, Y-Ag and La-Au. *Chem Phys Lett*, **1993**, 208 (1): 111-114.

[64] Samanta P K, Kim D, Coropceanu V, et al. Up-conversion intersystem crossing rates in organic emitters for thermally activated delayed fluorescence: Impact of the nature of singlet vs triplet excited states. *J Am Chem Soc*, **2017**, 139 (11): 4042-4051.

[65] Liu Y, Lin M, Zhao Y. Intersystem crossing rates of isolated fullerenes: Theoretical calculations. *J Phys Chem A*, **2017**, 121 (5): 1145-1152.

[66] Jagadeesh M N, Thiel W, Köhler J, et al. Hydrosilylation with bis(alkynyl)(1,5-cyclooctadiene)-platinum catalysts: A density functional study of the initial activation. *Organometallics*, **2002**, 21 (10): 2076-2087.

[67] Nakazawa H, Itazaki M, Kamata K, et al. Iron-complex-catalyzed C-C bond cleavage of organonitriles: Catalytic metathesis reaction between H-Si and R-CN bonds to afford R-H and Si-CN bonds. *Chem- Asian J*, **2007**, 2 (7): 882-888.

[68] Fukumoto K, Oya T, Itazaki M, et al. N-CN bond cleavage of cyanamides by a transition-metal complex. *J Am Chem Soc*, **2009**, 131 (1): 38-39.

[69] Itazaki M, Kamitani M, Ueda K, et al. Syntheses and ligand exchange reaction of iron(Ⅳ) complexes with two different group 14 element ligands, Cp(CO)FeH(EEt$_3$)(E′Et$_3$) (E, E′ = Si, Ge, Sn). *Organometallics*, **2009**, 28 (13): 3601-3603.

[70] Ampt K A M, Duckett S B, Perutz R N. Low temperature in situ UV irradiation of [(η^5-C$_5$H$_5$)Co(C$_2$H$_4$)$_2$] in the NMR probe: Formation of Co(iii) silyl hydride complexes. *Dalton Trans*, **2007**(28): 2993-2996.

[71] Pérez-Torrente J J, Nguyen D H, Jiménez M V, et al. Hydrosilylation of terminal alkynes catalyzed by a ONO-pincer iridium(Ⅲ) hydride compound: Mechanistic insights into the hydro-silylation and dehydrogenative silylation catalysis. *Organometallics*, **2016**, 35 (14): 2410-2422.

[72] Guo C H, Zhao Y, Yang D, et al. Exploring the chemoselective dehydrogenative silylation and hydrogenation of divinyldisiloxane with hydrosilane from DFT computation. *Eur J Org Chem*, **2018**, 2018 (17): 1993-1999.

[73] Wang C, Teo W J, Ge S. Cobalt-catalyzed regiodivergent hydrosilylation of vinylarenes and aliphatic alkenes: Ligand- and silane- dependent regioselectivities. *ACS Catal*, **2017**, 7 (1): 855-863.

[74] Bokka A, Jeon J. Regio and stereoselective dehydrogenative silylation and hydrosilylation of vinylarenes catalyzed by ruthenium alkylidenes. *Org Lett*, **2016**, 18 (20): 5324-5327.

[75] Jiang Y, Blacque O, Fox T, et al. Highly selective dehydrogenative silylation of alkenes catalyzed by rhenium complexes. *Chem- Eur J*, **2009**, 15 (9): 2121-2128.

[76] Truscott B J, Slawin A M Z, Nolan S P. Well-defined NHC-rhodium hydroxide complexes as alkene hydrosilylation and dehydrogenative silylation catalysts. *Dalton Trans*, **2013**, 42 (1): 270-276.

[77] Murai M, Takeshima H, Morita H, et al. Acceleration effects of phosphine ligands on the rhodium-catalyzed dehydrogenative silylation and germylation of unactivated C(sp^3)-H bonds. *J Org Chem*, **2015**, 80 (11): 5407-5414.

[78] Murai M, Matsumoto K, Takeuchi Y. et al. Rhodium-catalyzed synthesis of benzo-silolometal-locenes via the dehydrogenative silylation of C(sp^2)-H bonds. *Org Lett*, **2015**, 17 (12): 3102-3105.

[79] Cheng C, Simmons E M, Hartwig J F. Iridium-catalyzed, diastereoselective dehydrogenative silylation of terminal alkenes with (TMSO)$_2$MeSiH. *Angew Chem Int Ed*, **2013**, 52 (34): 8984-8989.

[80] Murai M, Takami K, Takai K. Iridium-catalyzed intermolecular dehydrogenative silylation of polycyclic aromatic compounds without directing groups. *Chem- Eur J*, **2015**, 21 (12): 4566-4570.

[81] Naka A, Mihara T, Ishikawa M. Platinum-catalyzed reactions of 3,4-bis(dimethylsilyl)- and 2,3,4,5- tetrakis(dimethylsilyl)thiophene with alkynes and alkenes. *J Organomet Chem*, **2019**, 879: 1-6.

[82] Marciniec B, Kownacka A, Kownacki I, et al. Hydrosilylation vs. dehydrogenative silylation of styrene catalysed by iron(0) carbonyl complexes with multivinylsilicon ligands——

Mechanistic implications. *J Organomet Chem*, **2015**, 791: 58-65.

[83] Greenhalgh M D, Jones A S, Thomas S P. Iron-catalysed hydrofunctionalisation of alkenes and alkynes. *ChemCatChem*, **2015**, 7 (2): 190-222.

[84] Wei D, Darcel C. Iron catalysis in reduction and hydrometalation reactions. *Chem Rev*, **2019**, 119 (4): 2550-2610.

[85] Atienza C C, Diao T, Weller K J, et al. Bis(imino)pyridine cobalt-catalyzed dehydrogenative silylation of alkenes: Scope, mechanism, and origins of selective allylsilane formation. *J Am Chem Soc*, **2014**, 136 (34): 12108-12118.

[86] Mukherjee A, Milstein D. Homogeneous catalysis by cobalt and manganese pincer complexes. *ACS Catal*, **2018**, 8 (12): 11435-11469.

[87] Du X, Huang Z. Advances in base-metal-catalyzed alkene hydrosilylation. *ACS Catal*, **2017**, 7 (2): 1227-1243.

[88] Sun J, Deng L. Cobalt complex-catalyzed hydrosilylation of alkenes and alkynes. *ACS Catal*, **2016**, 6 (1): 290-300.

[89] Basu D, Gilbert-Wilson R, Gray D L, et al. Fe and Co complexes of rigidly planar phosphino-quinoline- pyridine ligands for catalytic hydrosilylation and dehydrogenative silylation. *Organometallics*, **2018**, 37 (16): 2760-2768.

[90] Ai W, Zhong R, Liu X, et al. Hydride transfer reactions catalyzed by cobalt complexes. *Chem Rev*, **2019**, 119 (4): 2876-2953.

[91] Schuster C H, Diao T, Pappas I, et al. Bench-stable, substrate-activated cobalt carboxylate pre-catalysts for alkene hydrosilylation with tertiary silanes. *ACS Catal*, **2016**, 6 (4): 2632-2636.

[92] Gandon V, Agenet N, Vollhardt K P C, et al. Silicon-hydrogen bond activation and hydro-silylation of alkenes mediated by CpCo complexes: A theoretical study. *J Am Chem Soc*, **2009**, 131 (8): 3007-3015.

[93] Salomon O, Reiher M, Hess B A. Assertion and validation of the performance of the B3LYP* functional for the first transition metal row and the G2 test set. *J Chem Phys*, **2002**, 117 (10): 4729-4737.

[94] Humphries M J, Tellmann K P, Gibson V C, et al. Investigations into the mechanism of activation and initiation of ethylene polymerization by bis(imino)pyridine cobalt catalysts: Synthesis, structures, and deuterium labeling studies. *Organometallics*, **2005**, 24 (9): 2039-2050.

[95] Guo C H, Yang D, Liang M, et al. Mechanistic insights into the chemo-selective dehydrogenative silylation of alkenes catalyzed by bis(imino)pyridine cobalt complex from DFT computations. *ChemCatChem*, **2020**, 12 (15): 3890-3899.

[96] Knijnenburg Q, Hetterscheid D, Kooistra T M, et al. The electronic structure of (diiminopyridine)- cobalt(Ⅰ) complexes. *Eur J Inorg Chem*, **2004**, 2004 (6): 1204-1211.

[97] Vastine B A, Hall M B. The molecular and electronic structure of carbon-hydrogen bond activation and transition metal assisted hydrogen transfer. *Coord Chem Rev*, **2009**, 253 (7): 1202-1218.

[98] Lin Z. Current understanding of the σ-bond metathesis reactions of $L_nMR + R'-H \longrightarrow L_nMR' + R-H$. *Coord Chem Rev*, **2007**, 251 (17): 2280-2291.

[99] Balcells D, Clot E, Eisenstein O. C—H bond activation in transition metal species from a computational perspective. *Chem Rev*, **2010**, 110 (2): 749-823.

[100] Waterman R. σ-bond metathesis: A 30-year retrospective. *Organometallics*, **2013**, 32 (24): 7249-7263.

[101] Kefalidis C E, Castro L, Perrin L, et al. New perspectives in organolanthanide chemistry from redox to bond metathesis: Insights from theory. *Chem Soc Rev*, **2016**, 45 (9): 2516-2543.

[102] Luo G, Luo Y, Zhang W, et al. DFT studies on the methane elimination reaction of a trinuclear rare-earth polymethyl complex: σ-bond metathesis assisted by cooperation of multimetal sites. *Organometallics*, **2014**, 33 (5): 1126-1134.

[103] Lin Z. Interplay between theory and experiment: Computational organometallic and transition metal chemistry. *Acc Chem Res*, **2010**, 43 (5): 602-611.

[104] Obligacion J V, Chirik P J. Bis(imino)pyridine cobalt-catalyzed alkene isomerization hydroboration: A strategy for remote hydrofunctionalization with terminal selectivity. *J Am Chem Soc*, **2013**, 135 (51): 19107-19110.

[105] Liu Y, Deng L. Mode of activation of cobalt(Ⅱ) amides for catalytic hydrosilylation of alkenes with tertiary silanes. *J Am Chem Soc*, **2017**, 139 (5): 1798-1801.

[106] Tellmann K P, Humphries M J, Rzepa H S, et al. Experimental and computational study of β-H transfer between cobalt(Ⅰ) alkyl complexes and 1-Alkenes. *Organometallics*, **2004**, 23 (23): 5503-5513.

[107] Kozuch S, Shaik S. How to conceptualize catalytic cycles? The energetic span model. *Acc Chem Res*, **2011**, 44 (2): 101-110.